高等学校计算机类应用教材

多媒体应用技术教程

许晓洁　李秀贤　刘彩燕　朱怀中　编著

电子工业出版社.

Publishing House of Electronics Industry

北京·**BEIJING**

内 容 简 介

全书共 12 章。第 1 章概要介绍多媒体基础知识；第 2～8 章介绍多媒体创作软件 Director 的相关知识，包括 Director 基础、文本操作、图形与图像处理、动画制作技术与应用、行为与交互技术、媒体使用、脚本；第 9 章介绍音频编辑软件 Audition 的基本功能及音频处理方法；第 10 章介绍图像处理软件 Photoshop 的基本功能及图像处理方法；第 11 章介绍视频编辑软件 Premiere 的基本功能及视频处理方法；第 12 章介绍综合案例，给出了三种类型的实用案例，将多种设计元素和多媒体素材多方位融入多媒体作品中。

本书第 2～12 章提供了大量应用实例，可以帮助读者化解多媒体应用开发中的复杂性，降低学习难度，还配有上机实践，便于读者理解与掌握所学知识。

本书提供配套教学资源，登录华信教育资源网（www.hxedu.com.cn）注册后免费下载。

本书适合作为高等学校多媒体应用技术相关课程的教材，也可供多媒体开发人员参考。

图书在版编目（CIP）数据

多媒体应用技术教程 / 许晓洁等编著. -- 北京：
电子工业出版社，2025. 2. -- ISBN 978-7-121-49713-1

Ⅰ. TP37

中国国家版本馆 CIP 数据核字第 2025N24S64 号

责任编辑：冉　哲

印　　刷：三河市鑫金马印装有限公司
装　　订：三河市鑫金马印装有限公司
出版发行：电子工业出版社
　　　　　北京市海淀区万寿路 173 信箱　邮编　100036
开　　本：787×1092　1/16　印张：15　字数：365 千字
版　　次：2025 年 2 月第 1 版
印　　次：2025 年 2 月第 1 次印刷
定　　价：55.00 元

凡所购买电子工业出版社图书有缺损问题，请向购买书店调换。若书店售缺，请与本社发行部联系，联系及邮购电话：（010）88254888，88258888。

质量投诉请发邮件至 zlts@phei.com.cn，盗版侵权举报请发邮件至 dbqq@phei.com.cn。

本书咨询联系方式：ran@phei.com.cn。

前　言

在计算机教学领域，计算思维能力的培养是大学计算机教学的重要任务，多媒体应用技术课程是培养大学生计算思维能力的重要载体。

本书的编写遵从运用计算机科学的基础概念去求解问题、设计系统和理解人类行为的宗旨，以应用为主，对象明确，体现前沿内容，弱化多媒体应用程序设计的难点，强调对学生动手能力和开发技术的培养。在内容上根据应用型高校专业的定位做相应的选择和取舍，采用 Lingo 语言编程，从应用开发的角度介绍多媒体技术。以应用实例为导向，以实践为指导，帮助读者更好地掌握开发多媒体应用的方法。

全书共 12 章。

第 1 章概要介绍多媒体基础、多媒体技术的相关概念及应用、多媒体教学软件的设计与开发流程。

第 2～8 章介绍多媒体创作软件 Director 的相关知识。

第 2 章介绍 Director 基础，并以一个引例介绍如何利用 Director 开发多媒体应用，使读者对 Director 有一个整体的了解，为以后章节的学习打下基础。

第 3 章介绍文本操作，包括文本和文本域的类型及创建方法。

第 4 章介绍图形与图像处理，包括图形与图像的基本概念，以及图形编辑窗口的基本操作。

第 5 章介绍动画制作技术与应用，包括各种动画制作技术概念及相关应用操作。

第 6 章介绍行为与交互技术，包括查看行为库的方法及其包含的行为内容，以及如何为精灵或帧附着行为，修改行为参数，使用行为检查器创建行为。

第 7 章介绍媒体使用，包括音频、视频、Flash 动画等的操作和处理方法。

第 8 章介绍脚本，包括脚本的基本功能、类型及分类，使用脚本实现导航的方法和技巧，以及如何使用脚本进一步控制 Director 影片中用到的多媒体元素。

第 9 章介绍音频编辑软件 Audition 的基本功能及音频处理方法。

第 10 章介绍图像处理软件 Photoshop 的基本功能及图像处理方法。

第 11 章介绍视频编辑软件 Premiere 的基本功能及视频处理方法。

第 12 章介绍综合案例，给出了三种类型的实用案例，将多种设计元素和多媒体素材多方位融入多媒体作品中。

本书第 2～12 章提供了大量应用实例，可以帮助读者化解多媒体应用开发中的复杂性，降低学习难度，还配有上机实践，便于读者理解与掌握所学知识。

本书提供配套教学资源，登录华信教育资源网（www.hxedu.com.cn）注册后免费下载。

本书适合作为高等学校多媒体应用技术相关课程的教材，也可供多媒体开发人员参考。

本书建议周学时为 3 学时，总共 54 学时，其中上机实践环节 20 学时。

各章的理论教学学时安排如下：

章　序　号	学　时　数	章　序　号	学　时　数
第 1 章	自学	第 7 章	3
第 2 章	2	第 8 章	3
第 3 章	2	第 9 章	3
第 4 章	3	第 10 章	4
第 5 章	3	第 11 章	4
第 6 章	3	第 12 章	4
合计学时数	34		

教师可根据学生具体情况选择第 2～12 章的上机实践内容。

另外，12.4 节给出了课程作品设计要求，教师可安排学生在课外完成作品，作为本课程的考核依据。

参与本书编写的作者来自上海师范大学天华学院。电子工业出版社的领导和编辑对本书的出版给予了大力的支持与帮助，在此表示衷心感谢。

限于作者水平，书中难免有不足之处，敬请读者批评指正，在此表示感谢。

作者电子邮箱：dicz2012@163.com。

作　者

目　录

第1章

多媒体概述

多媒体技术自 20 世纪 80 年代中后期开始兴起并得到迅速发展，它使计算机具有综合处理多媒体信息的能力。多媒体技术以丰富的图、文、声、像等媒体信息和友好的交互性，极大地改善了人们交流和获取信息的方式，对大众传播媒介产生了深远的影响，使人们可以更加自然、更加人性化地使用信息，给人们的学习、工作和生活方式带来了巨大的变化。

多媒体技术在各个领域都有广泛的应用。在娱乐与文化领域，多媒体技术被用于游戏、影视、音乐等产品的制作和展示中，极大地丰富了人们的娱乐与文化生活；在教育与培训领域，多媒体技术被用于教育资源的开发与共享，提供了更加直观、生动的教学方式和学习体验；在广告与营销领域，多媒体技术被用于广告制作与营销推广，通过多种媒体形式的综合运用，提高了广告的吸引力和营销效果；多媒体技术还在机器视觉、人机交互、智能家居等领域有广泛的应用。随着科技的不断推进，多媒体技术将在更多的领域发挥重要作用，为人们的生活带来更多的便利和创新。

本章要点：
◇ 理解什么是多媒体，以及多媒体的基本特性。
◇ 理解多媒体计算机的基本概念。
◇ 了解多媒体技术及其相关应用。
◇ 理解多媒体制作软件的设计与开发流程。

1.1 多媒体的基本概念

1.1.1 媒体与多媒体

1. 媒体

媒体（Medium）是指承载或传递信息的载体。媒体具有两重含义：①是指存储信息的实体，如纸张、磁带、磁盘、光盘、半导体存储器等，也称为媒质；②是指传递信息的逻辑载体，如文字、数字、图形、图像、音频和视频等，也称为媒介。

因此，媒体可理解为承载信息的实际载体，也可以理解为表述信息的载体。日常生活中，大家熟悉的报纸、杂志、书本、广播、影片、电视均是媒体，它们以各自的形式进行着信息的传播。

按照国际电信联盟电信标准分局（ITU-T）建议的定义，媒体可分为下列5类。

（1）感觉媒体。感觉媒体是能直接作用于人的感官，让人产生感觉的媒体，如视觉、听觉、触觉、嗅觉和味觉等。

（2）表示媒体。表示媒体是为了加工、处理和传播感觉媒体而人为构造出来的媒体，如文本、图形、图像、音频、动画、视频等。

（3）显示媒体。显示媒体是表现和获取信息的物理设备。显示媒体又分为输入显示媒体和输出显示媒体。输入显示媒体如键盘、鼠标、扫描仪和麦克风等；输出显示媒体如显示器、打印机、扬声器和投影仪等。

（4）存储媒体。存储媒体是用于存储媒体信息的介质，如磁带、磁盘、光盘和优盘等。

（5）传输媒体。传输媒体是用于将媒体从一处传送到另一处的物理载体，如双绞线、同轴电缆、光纤和电磁波等。

2. 多媒体

多媒体一词译自英文单词 Multimedia，它由 Media 和 Multi 两部分组成，顾名思义，是指将文本、图形、图像、音频、动画、视频等"单"媒体和计算机程序融合在一起形成的信息媒体。它是多种媒体的集合体，将信息的存储、传输和显示有机地结合起来，使人们能够通过丰富多彩的方式来获取信息。

3. 多媒体信息的主要元素

（1）文本。文本一般由文字、数字和符号等构成，在计算机中，文本是用字符代码及字符格式表示出来的数据。文本是一种最基本的传播媒体，也是多媒体信息系统中出现最频繁的媒体。

（2）图形。图形也称矢量图形，一般是指用计算机绘制的画面，如直线、圆、矩形、任意曲线和图表等。矢量图形文件中只记录生成图的算法和图上的某些特征点，因此，对矢量图形的各个部分分别进行控制（放大、缩小、旋转、变形、扭曲、移位等）很方便。矢量图形一般在多媒体素材（如图像和动画）的创建过程中使用，但最后需导出为图像文件供网页编辑使用。

（3）图像。图像是指由照相机和摄像机等数字化采集设备捕捉的实际场景画面，或者用计算机图像处理软件创建的景物图。图像是由许多的像素点按照其在图像中所处的位置排列所构成的平面点阵图。

（4）音频。音频一般指人耳能听到的声音，其频率为 20Hz～20kHz，包括语音、音乐和效果声等。

（5）动画。动画就是运动的画面，其实质上是一幅幅静态图像的连续播放所形成的动态影像。动画一般是指由人们的主观设计的而非用摄像机等拍摄的动态影像。动画可分为二维动画（平面）和三维动画（立体）两类。

（6）视频。视频一般是指用摄像机拍摄的动态影像。视频可记录和反映真实世界的实际场景。模拟视频信号需要专用的设备转换成数字视频信号，才能在计算机中使用。

1.1.2　多媒体技术

多媒体技术是一种基于计算机科学的综合技术，它包括数字化信息处理技术、计算机软件和硬件技术、人工智能和模式识别技术、通信和网络技术等。也可以说，所谓多媒体技术，是指以计算机为中心，把语音、图像和视频处理技术等集成在一起的综合技术。

多媒体技术具有信息载体多样性、交互性和集成性等特性。

1. 多样性

人类对信息的接收主要依靠视觉、听觉、触觉、嗅觉和味觉，其中前三者所获取的信息量占 95%以上。在信息大爆炸的时代，人们对信息的使用和需求量都非常大，然而，单靠人脑显然无法全部记住和使用这些信息，而传统的计算机也只能处理数字与文字。那么，对大得惊人的多媒体数据量，尤其是在音频和视频方面，全世界投入了大量的人力和物力来研究多媒体技术。利用文本、图形、图像、音频、视频等多种媒体信息形式，人们的思维表达有了更充分、更自由的扩展空间。

2. 交互性

在使用多媒体技术的系统中，操作可以控制自如，媒体综合处理能力随心所欲。从用户角度看，多媒体技术最突出的特征是它的人机交互功能。多媒体技术可以向用户提供更有效地使用和控制多媒体信息的手段，用户可以检索计算机提供的丰富信息资源，还能进行提问与回答、录入与输出等操作。

3. 集成性

多媒体技术的集成性通常包括两个方面，一是把不同的媒体设备集成在一起，形成多媒体系统，如多媒体计算机；二是利用多媒体技术将各种不同的媒体信息有机地结合成一个完整的多媒体信息集合体，例如，可以将文字、音乐、图像等结合成一个 Flash 动画，这种方式深受广大动漫爱好者的喜爱。无论硬件方面，如 CPU 处理能力的提高，存储设备容量的倍增，网络通信能力的增强，还是软件功能的完善，都体现了多媒体技术的集成性。

1.1.3　多媒体计算机

目前主流配置的计算机都能处理数字、文本、图形、图像、音频与视频等，称为多媒体计算机（Multimedia Personal Computer，MPC）。采用多媒体技术对多种媒体进行综合处理，并在它们之间建立逻辑关系，从而集成为一台具有交互功能的计算机。简单地说，多媒体计算机以基本计算机为基础，提高其处理多媒体的能力，如 CPU 中增加了 MMX（MultiMedia eXtention，多媒体增强）指令集，使计算机处理多媒体的能力大大提高。此外，多媒体计算机融合高质量的视频、音频、图像等多种媒体信息的处理于一体，配有大容量的存储设备，附加有相关多媒体处理软件，可以给用户带来图、文、声、像并茂的视听感受。

1．多媒体计算机的标准

标准化的目的是为了给用户一个统一的接口，例如，统一的用户界面、网络接口、描述语言、数据格式等。已经建立和正在建立的有关多媒体的标准有 JPEG（静态图像压缩标准）、MPEG（动态图像压缩标准）、MHEG（多媒体内容和超媒体结构标准）、H.260、H.262、H.320、G.711、G.722、G.728 等。

2．多媒体计算机的硬件

（1）中央处理器（CPU）。在多媒体计算机硬件中，CPU 是关键。目前的计算机，进行专业级的媒体制作和播放不成问题。例如，英特尔公司推出的 Core i3、Core i5、Core i7 处理器拥有 128 位的 SIMD（单指令流多数据流）执行能力，一个时钟周期就可以完成一条指令，效率提升明显，使计算机多媒体方面的性能达到了一个新的境界，具备了强大的影音及图像处理能力，能够提供逼真的视频和三维效果。

（2）声卡。声卡的主要功能是将模拟音频信号采样存入计算机或将数字音频信号转换为模拟音频信号播放。

（3）视频卡。视频卡是将用摄像机等采集的模拟视频图像信号转换成计算机能够处理的数字视频信号的主要硬件设备。

（4）DVD-ROM。DVD-ROM 也称作"只读光盘存储器"。其主要功能是作为大容量的包含图文、声像等集成交互式信息的存储介质。

（5）多媒体通信设备。为了使用计算机网络进行多媒体信息的远距离传输，例如，利用电话线远距离传输数字信息，要先进行数模转换，把数字脉冲序列转换成符合电话线传输要求的音频信号，这就是"调制"；在接收方进行的相反转换就是"解调"。Modem 就是完成这一功能的调制解调器。目前，主要利用光纤进行远程数据的传输。

（6）其他辅助输入/输出设备。根据需要多媒体计算机还可配置耳麦、摄像机、扫描仪及打印机等。

1.2　多媒体技术的应用

多媒体技术的应用领域十分广泛，几乎遍及各行各业，并已进入人们的日常生活。多媒体在各行各业中的应用又推动了多媒体技术与产品的发展，开创了多媒体技术发展的新时代。多媒体技术的应用主要有以下几个方面。

1．教育领域

以多媒体计算机为核心的现代教育技术使教学手段和方法更加丰富多彩，促进了教学质量的提高。目前，多媒体计算机辅助教学已广泛应用于初中级基础教育、高等教育以及职业培训等方面。利用多媒体技术编制的教学课件不仅能为学习者提供大量学习资料和练习题库，并且提供了图文并茂、绘声绘色的教学环境，从而大大激发了学生学习的积极性和主动性，提高了学习效率，改善了教学效果。

2. 办公自动化

多媒体技术能为工作人员提供各种媒体查询和检索的技术支持，同时支持协同办公环境。工作人员可以浏览、处理通过网络获取的信息和数据。目前，办公自动化系统已成为工作中必不可少的一项应用。

3. 电子出版物

电子出版物是指以数字代码方式将图、文、声、像等信息存储在各种介质上，利用计算机或类似设备进行阅读、浏览，并可以复制、发行的大众传播媒体。电子出版物使用的媒体种类多，表现力强，信息的检索和使用方式灵活方便。现在，利用互联网和多媒体计算机，就可以直接浏览世界各大图书馆提供的电子书和电子杂志。

4. 虚拟现实

虚拟现实是一项与多媒体技术密切相关的新兴技术，它通过综合应用计算机图像处理、模拟与仿真、传感、显示等技术和设备，以模拟仿真的方式，给用户提供一个真实反映操作对象变化与相互作用的三维图像环境，从而构成虚拟世界，并通过特殊设备（如模拟头盔和数据手套）提供给用户一个与该虚拟世界相互作用的交互式三维用户界面。

5. 多媒体通信

多媒体通信是多媒体技术与通信技术的结合，通过局域网、广域网等为用户以多媒体的方式提供信息服务。随着计算机、通信等技术的发展，远程教育、可视电话、视频会议、数字化图书馆等将为人类提供更全新的服务。

6. 娱乐和服务

随着多媒体技术的不断发展，面向家庭的多媒体应用逐渐增多，数字化的音乐和影像进入了家庭，如电子合成音乐、家庭影院以及各种娱乐游戏等，给人们提供了更高品质的娱乐内容。多媒体计算机还可以为家庭提供全方位的服务，如家庭教师、家庭医生等。

多媒体技术集计算机、通信等多种功能于一体，借助日益普及的高速信息网，可实现计算机的全球联网和信息资源共享，因此被广泛应用于咨询服务、图书、教育、通信、军事、金融、医疗等诸多行业，并正在潜移默化地改变着人们生活的方式。

1.3 多媒体教学软件的设计

多媒体教学软件，简单来说就是辅助教学的多媒体工具，简称为课件。创作人员根据自己的创意，先从总体上对信息进行分类组织，然后把文字、图形、图像、音频、动画、视频等多种媒体素材在时间和空间两方面进行集成，使它们融为一体，并赋予它们交互特性，从而制作出精彩纷呈的课件。课件具有丰富的表现力、良好的交互性和极大的共享性。

1. 基本特性

课件应具有教学性、科学性、技术性、艺术性和使用性 5 个基本特性。

教学性主要表现在教学目标的确定、教学内容的选择及组织表现策略的制定上。教学目标是课件制作的总体方向和预计的目标，也就是说，教学目标的确定要符合教学大纲的要求，明确课件要解决什么问题，要达到的教学目的。教学内容的选择是指围绕教学目标，为适应教学对象的需要选择恰当的主题。制定组织表现策略时要注意合理设计课件结构，应重点突出、分散难点、深入浅出，还要注意启发性，以促进思维，有利于能力培养。

科学性是课件评价的重要指标之一。科学性的基本要求是不出现知识性的错误，主要表现在内容正确、逻辑严谨、层次清楚等方面，另外，场景设置、素材选取、名词术语、操作示范也要符合有关规定。

技术性是课件制作技术水平的反映，主要表现在媒体制作和交互性实现两个方面。媒体制作方面要求图像、动画、音频等设计合理，确保画面清晰，动画连续流畅，视觉效果逼真，文字醒目，配音标准，整个课件进程快慢适度等。交互性实现方面要求交互设计合理，智能性好。

艺术性有助于实现良好的教学效果。优秀的课件是高质量的内容和美的形式的统一，美的形式就是艺术性的体现。艺术性使人赏心悦目，获得美的享受，进而激发学习的兴趣。

使用性是指课件操作简便、灵活、可靠，便于使用者控制。

2. 基本要求

课件的基本要求主要有以下 4 个方面。

（1）正确表达教学内容

在课件中，教学内容是用多媒体信息来表示的。各种媒体信息都必须是为了表现某一个知识的内容，为达到某一层次的教学目标而设计或选择的。各个知识点之间应建立一定的关系和关联形式，以形成具有科学特色的知识结构体系。

（2）反映教学过程和教学策略

在课件中，通过多媒体信息的选择与组织，采用系统结构、教学程序、学习导航、问题设置、诊断评价等方式反映教学过程和教学策略。在课件中，一般包含知识讲解、举例说明、媒体演示、提问诊断和反馈评价等部分。

（3）具有良好设计的交互界面

交互界面是学生和课件进行交互的通道。在课件中，交互界面的设计内容包括窗口、菜单、按钮、图标和快捷键等。

（4）具有评价和反馈功能

在课件中，通常会设置一些问题供学生思考和练习，通过统计、判断、识别学生回答的问题，及时了解学生的学习情况，并给出相应的评价，使学生加深对所学知识的理解。

3. 开发流程

课件本质上是一种应用软件，它的开发应遵循软件工程的开发流程和方法，但课件是面向教学的，也有其自身总结出来的开发方法和一些典型的制作步骤。课件的基本开发流程如图 1.1 所示。下面介绍课件开发流程中的典型步骤和方法。

（1）需求分析

在开发一个课件前，首先必须明确制作要求和所要达到的目标，并以此来选取合适的内容。

（2）表现形式的设计

选好了内容，就要总体考虑如何在计算机上用最合适的形式表现出来，即课件的整体版式布局、色彩搭配、内容展示等，要考虑哪些内容用文字表示，哪些内容用图像表示，哪些内容用动画或视频表示，以增加作品的感染力和吸引力。

（3）制作与获取多媒体素材

根据前面已经确定的内容表现形式，准备所需的多媒体素材。这一步涉及多种素材（如文本、图形、图像、音频、动画、视频等）的准备及处理软件的使用。显然，多媒体素材制作技术的好坏会直接影响所要表达的效果。另外，也可以从网上获取所需的素材。

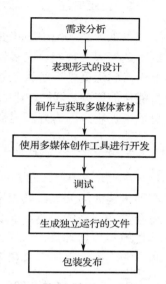

图 1.1　课件的基本开发流程

（4）使用多媒体创作工具进行开发

有了多媒体素材后，就可选择一种多媒体创作工具，将它们整合在一起，并加上交互等功能，形成一个可播放的独立且完整的课件。

（5）调试

一个刚刚完成的课件，不可避免地会存在这样或那样的错误和漏洞，所以必须进行全面调试，消除错误并改进不足。

（6）生成独立运行的文件

制作好的课件经调试通过后即可打包生成独立运行的文件，无须安装多媒体创作工具可直接在计算机上运行。

（7）包装发布

对公开发行的课件，可进行适当的包装宣传，发行上市。

1.4　多媒体技术的发展趋势

随着人工智能、虚拟现实和增强现实技术的快速发展，多媒体技术在未来将有更广阔的应用前景。人工智能推动了多媒体技术的创新，可以实现自动化的图像和音/视频处理，提升了多媒体素材制作的效率和质量。虚拟现实和增强现实技术为多媒体技术提供了更为直观、沉浸式的体验效果，使得用户可以身临其境地参与其中。多媒体技术与智能家居的结合，可以实现智能控制和交互，提升家居生活的便捷性和舒适度。

多媒体技术在不断的发展中，正在引领着新的时代潮流。未来的多媒体技术将会与其他领域的技术相互融合，为人们带来更加广泛和丰富的应用体验。以下介绍一些多媒体技术的发展趋势。

1. 人工智能与多媒体技术的结合

人工智能（Artificial Intelligence，AI）是当前科技领域的热门话题之一，它的应用已经渗透到各个行业。在多媒体技术领域，人工智能的应用也是一个不可忽视的方向。将机器学习和深度学习等人工智能技术引入多媒体处理中，可以使多媒体系统具有自主学习和智能化的能力。例如，利用人工智能技术可以开发出更加智能的图像识别和音频识别系统，可以根据用户的喜好和习惯推荐个性化的多媒体内容。

2. 虚拟现实与增强现实技术的应用

虚拟现实（Virtual Reality，VR）和增强现实（Augmented Reality，AR）技术目前已经取得了较大的突破，其应用前景非常广阔。多媒体技术与虚拟现实和增强现实技术的结合将会带来沉浸式和更加逼真的视觉与听觉体验。例如，通过虚拟现实技术，用户可以身临其境地参与到教育、培训、游戏等场景中。而增强现实技术则可以将虚拟信息与现实场景相结合，提供更加丰富和个性化的信息展示方式。

3. 多媒体技术在智能家居中的应用

智能家居技术作为物联网领域的重要组成部分，已经在人们的日常生活中得到了广泛应用。多媒体技术在智能家居中的应用也是一个重要的方向。将多媒体技术与语音识别、人脸识别、智能设备等技术相结合，可以实现智能家居的智能化和个性化。例如，用户可以通过语音命令控制家庭多媒体设备的播放、调节等操作；通过人脸识别技术，可以实现智能家居系统的身份验证和个性化的用户设置。

未来我们还可以期待多媒体技术更多的创新和突破，为人们带来更加丰富和多样化的多媒体体验。

在未来的发展中，建议多媒体技术研究者和开发者要密切关注技术的前沿动态，加强跨学科合作，推动多媒体技术与其他领域的融合创新。同时，加强对多媒体技术的应用研究，深入挖掘多媒体技术在各个领域的潜力，为实际应用提供更有价值的解决方案。此外，鼓励多媒体技术的普及和推广，提高公众对多媒体技术的认知和理解，促进多媒体技术的可持续发展。

1.5 习题

1. 简要叙述什么是媒体以及多媒体，多媒体一般包含有哪些信息？
2. 简要叙述多媒体技术的基本特性。
3. 简述交互性的主要特色。
4. 简要叙述多媒体教学软件的基本开发流程。

第2章

Director基础

Director 是一个简单且直观的多媒体创作工具，即使是首次使用的用户也能制作出令人赏心悦目的多媒体作品。Director 功能强大，用户可以将三维界面、数据库连接和因特网等技术集成于一个多媒体作品中。同时，Director 是一个高度面向对象的工具，非常适合图像制作者使用。它所独有的 Lingo 脚本语言可以对多媒体作品中的各个部分进行精确的控制，从而可产生出神奇而精彩的效果。

使用 Director 可以从外部导入各种媒体（文本、图形、图像、音频、视频和动画等），并能利用其自带的辅助工具进行编辑。

本章将介绍使用 Director 制作多媒体作品的基本流程，并通过几个例子来说明 Director 的实际应用。

本章要点：

◇ 认识 Director 工作环境。

◇ 了解剧本分镜窗、舞台和演员表的基本概念。

◇ 掌握使用 Director 制作多媒体作品的基本流程。

2.1 初识 Director

2.1.1 引例

Director 是一种基于时间线的多媒体创作工具，以时间行或列来决定多媒体作品中事件发生的顺序和对象的演示方式，使用 Director 制作多媒体作品就像制作影片，因此也将 Director 文件称为影片（Movie）。Director 中使用的制作素材称为演员（Cast Member），将演员放置在舞台上生成精灵（Sprite）进行表演，程序设计的过程相当于安排演员表演的过程。

本节从制作一个简单的影片入手，介绍 Director 的工作界面以及影片的基本制作流程，帮助读者更直观、更快捷地理解 Director 的工作环境。

【例 2.1】 制作一段简单的影片。功能要求：首先出现一个图像背景，文字"人世间——雷佳"从画面左侧进入，然后开始播放歌曲"人世间"，歌词显示在带滚动条的文本框中，运行效果如图 2.1 所示。

图 2.1　运行效果

在设计影片前准备好 .jpg 背景图像文件和 .mp3 歌曲文件。

启动 Director，显示如图 2.2 所示的工作界面。上方为菜单栏和常用工具栏，左侧为工具面板（Tools 面板），右侧为浮动面板组。

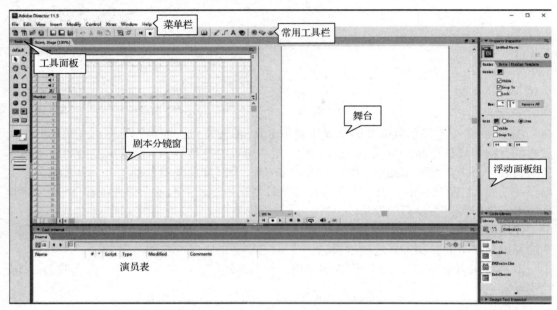

图 2.2　Director 工作界面

通常，将 Director 工作界面比喻成一个影片制作间，有演员表（Cast 面板）、剧本分镜窗（Score 面板）和舞台（Stage 面板）。

制作者就是导演。出现在影片里的各种媒体元素（图像、文本、音频、视频、按钮等）就是参与表演的演员。将演员放置到舞台上生成精灵（Sprite），一个精灵占用一个精灵通道（Channel）。

制作影片需要剧本，Director 中提供了一个剧本分镜窗。剧本分镜窗中包含了每个演员什么时候出现在舞台上、其需要完成的动作等信息。舞台是动作发生的地方。

〖设计步骤〗

1）舞台与演员的准备。

（1）新建影片（Movie）。选择"File | New | Movie"菜单命令，新建一个影片。

（2）打开默认面板。选择"Window | Panel Sets | Default（窗口 | 面板设置 | 默认）"菜单命令，切换到 Director 的默认工作界面，这是专为不太熟悉 Director 的用户所设计的。

（3）设置舞台。选择"Modify | Movie | Properties（修改 | 影片 | 属性）"菜单命令，或者在舞台上单击，在右侧的 Property Inspector（属性检查器）中选择 Movie 选项卡，设置舞台大小为 480×640px，背景色为 #FFFFFF（白色），如图 2.3 所示。

（4）设置精灵跨度（Span Duration）。对"登台表演"的演员，可以设置一个默认的表演时间（帧的长度，称为精灵跨度），以方便影片的制作。选择"Edit | Preferences | Sprite"菜单命令，在弹出的 Sprite Preferences（精灵属性）对话框的 Span Duration（跨度）栏中设

置精灵跨度为 60 帧，如图 2.4 所示。

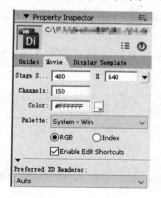 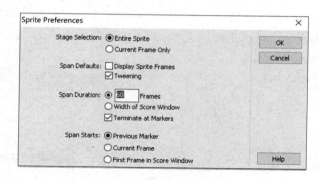

图 2.3　设置舞台　　　　　　　　　　　图 2.4　设置精灵跨度

（5）导入演员。单击演员表工具栏中的 ⅲ 按钮，使面板呈现为缩略图模式。右击演员表中的第一个窗格（窗格 1），在快捷菜单中选择 Import（导入）命令，弹出导入演员对话框，在对话框中选择事先准备好的图像素材 background.jpg，单击 Import 按钮，弹出相应的参数设置对话框，通常不需要进行任何改动，单击 OK 按钮，将该素材导入演员表的窗格 1。

文本、音频、视频、动画和其他媒体的导入方法类似。将歌词文件 rsj.txt 导入演员表的窗格 2，音频文件 song.mp3 导入窗格 3。演员表中的每个演员都有一个名称。由外部文件导入的演员，其默认名为所对应的外部文件名，如图 2.5 所示。

注意：歌词文件 rsj.txt 中包含中文，导入后无法正常显示中文内容，这是 Director 11.5 的一个 Bug。可双击演员 rsj，打开 Text 窗口，选中全部文本，设置字体为某种中文字体，如"宋体"，使其能正常显示。

（6）输入文本演员。单击常用工具栏中的 Text Window 按钮 A，打开 Text 窗口，输入"人世间——雷佳"。选中"人世间"，右击，从快捷菜单中选择 Font（字体）命令，在弹出的对话框中设置字体：字号为 24，楷体，绿色。类似方法，设置"——雷佳"的字号为 18，绿色，楷体，如图 2.6 所示。

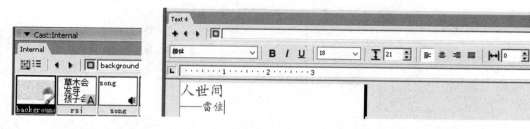

图 2.5　演员表中已导入的素材　　　　　图 2.6　编辑文本

当文本演员输入完成后，该演员会出现在演员表的窗格 4 中，演员默认名为所对应的窗格号。

2）使用剧本分镜窗布置场景放置演员。

（1）直接将图像演员 background 拖放到舞台上并适当调整其大小作为背景。放置到舞台上的演员称为精灵。一个精灵需要使用剧本分镜窗中的一个精灵通道。本例中，图像演员 background 产生的精灵 Sprite 1 使用精灵通道 1，起始帧为第 1 帧，精灵跨度为 60 帧，如图 2.7 所示。

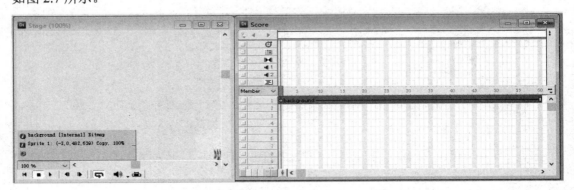

图 2.7　舞台上的精灵和剧本分镜窗

（2）把文本演员"人世间——雷佳"拖放到舞台的上方，产生文本精灵 Sprite 2，使用的是精灵通道 2，此时文本的背景区域遮住了舞台上的背景图像。Director 具有处理精灵背景区域的能力，选中精灵 Sprite 2，在属性检查器的 Sprite 选项卡中，从 Ink（墨水）下拉列表中选择 Background Transparent（背景透明），就可以使精灵 Sprite 2 的背景色变为透明。

将精灵 Sprite 2 拖放到舞台上方左侧舞台外部，为了使其能自左而右逐渐进入画面，右击精灵通道 2 的第 60 帧，在快捷菜单中选择 Insert Keyframe（插入关键帧）命令，这样将复制精灵通道 2 第 1 帧的内容到第 60 帧处，即复制精灵 Sprite 2 到第 60 帧处，然后将其移动到舞台上合适的位置。在移动的时候，可以看到从原位置到新位置生成了一条移动路径，如图 2.8 所示。

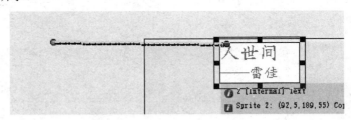

图 2.8　生成移动路径

（3）把歌词演员 rsj 拖放到舞台上，产生歌词精灵 Sprite 3，使用的是精灵通道 3。设置精灵 Sprite 3 为背景透明。选择属性检查器中的 Text 选项卡，在 Framing 下拉列表中选择 Scrolling（滚动），使之滚动显示。

（4）单击剧本分镜窗右上角的 ⁞（Hide/Show Effects Channels）按钮，显示特效通道，将声音演员 song 放到声音通道 1 中。

（5）影片播放时，需要暂停在最后 1 帧（第 60 帧）处，不会闪退。方法是，在脚本通道（ ≡ ）第 60 帧处双击，默认显示空的 exitFrame 事件过程，需要在其中输入脚本，这里输入 go to the frame，即循环播放当前帧，如图 2.9 所示。脚本的具体用法参见 2.5.1 节应用实例。

设计完成后，剧本分镜窗的最终编排如图 2.10 所示。其中，精灵通道 1 对应舞台上的图像精灵 Sprite 1，精灵通道 2 对应文本精灵 Sprite 2，精灵通道 3 对应歌词精灵 Sprite 3，声音通道 1 对应声音精灵 song。

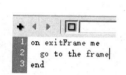

图 2.9　循环播放当前帧

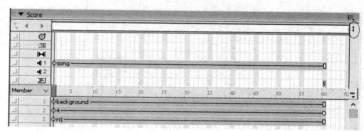

图 2.10　剧本分镜窗的最终编排

3）播放与调试。

控制面板（Control Panel）用于实现对影片的控制功能，例如，观察在舞台上播放的影片，检查进展，设置播放速度、音量大小等。控制面板与普通的摄像机、VCD 播放器的控制面板有几分相似，有倒带、停止、播放按钮。

选择"Window | Control Panel"菜单命令，打开控制面板，如图 2.11 所示。

图 2.11　控制面板

图 2.11 中，设置播放速度为 15fps（帧/秒）。要改变音量，在控制面板上单击 Volume（音量）按钮 ◀, 然后从下拉列表里选择一个音量标准。

有时需要检查独立的帧或者检查帧与帧之间的过渡效果，播放时每次只移动 1 帧，可单击控制面板上的 ◀ （单步后退）或 ▶ （单步前进）按钮。要跳转到一个特殊的帧，可以在帧计数器 1 里输入该帧编号，并按下回车键即可。

在常用工具栏中或舞台窗口的下方也有控制影片播放的按钮。

4）保存与发布。

（1）保存源文件：选择"File | Save"菜单命令，保存所设计的源文件，本例为 sy2_1.dir。

（2）发布：Director 能够创建用于 macOS 和 Windows 两种平台的目标程序，即生成可执行文件。选择"File | Publish Settings（文件 | 发布设置）"菜单命令，打开 Publish Settings 对话框，如图 2.12 所示。在 Formats（格式）选项卡中进行发布设置，然后单击 Publish（发布）按钮，就可将用 Director 制作的影片发布成需要的版本。图 2.12 的选择将导出能在 Windows 平台上运行的 sy2_1.exe 文件。

表 2.1 列出了发布设置选项及其说明。

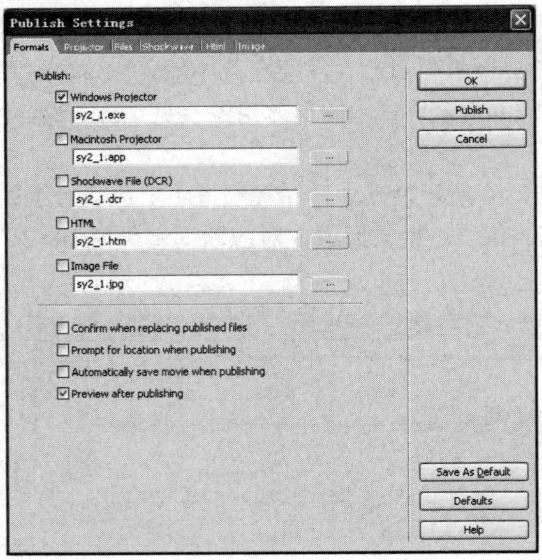

图 2.12 发布设置

表 2.1 发布设置选项及其说明

发布设置选项	说　明
Windows Projector	Windows 版本的影片文件，扩展名为.exe
Macintosh Projector	Macromedia Shockwave 版本的影片文件，扩展名为.osx
Shockwave File(DCR)	网络多媒体文件，扩展名为.dcr，需要在浏览器里播放
HTML	伴随网络多媒体格式输出的网页文件

通过本例，可以看出简单 Director 影片的一般设计步骤。

（1）舞台与演员的准备。当创建和编辑一个基本的影片时，有 4 个窗口出现在默认的工作界面里：舞台（Stage 面板），剧本分镜窗（Score 面板），演员表（Cast 面板），以及属性检查器（Property Inspector）。设置好基本工作环境，在舞台上创建影片里的演员或者导入媒体元素到演员表中，在属性检查器里设置演员的属性。

（2）使用剧本分镜窗布置场景放置演员。将演员放置在舞台上生成精灵，然后在舞台上或者在剧本分镜窗里编辑精灵的动作，控制其在影片里的出现方式、时间、地点等。在要求较高的影片中需要使用 Lingo 脚本。

（3）播放与调试。使用控制面板播放与调试影片。

（4）保存与发布。保存源文件与发布为可执行文件。

注意：实际设计时，不一定完全遵循上述设计步骤，应根据实际需要合理安排。

2.1.2　Director 专用术语

Director 作为一个多媒体创作工具，其专用术语引用和借鉴了影片拍摄中的术语，而非编程术语。

1. Movie（影片）

一个 Director 文件称为一个影片，包含一个或多个演员表和一个剧本分镜窗，源文件扩展名为.dir。

2. Stage 面板（舞台）

在 Director 中，屏幕上的矩形显示区域称为舞台。影片的尺寸也是舞台的有效尺寸。

3. Cast 面板（演员表）

演员表是影片中所使用的演员的清单，主要用于调用和处理素材，管理场景元素。出现在演员表内的素材可以是位图、矢量图、文本、脚本、音频、Flash 内容或者组件、DVD 内容、QuickTime 影片、Windows Media 视频或音频、Macromedia Shockwave 3D 内容等。

4. Sprite（精灵）

精灵是 Director 中主要的编辑对象，是演员在舞台上的表现形式，精灵决定了演员什么时候、在什么地方以及怎样出现。精灵必须由演员充当载体，一个演员可以生成多个精灵。将一个演员放置到舞台上或者放置在剧本分镜窗中，就创建了一个精灵。

精灵和演员的主要区别是精灵并不是出现在演员表中的实际物体，而是演员在舞台上的一个复制品，可以将精灵看作演员所扮演的角色。在影片播放时，通过 Lingo 脚本可以对精灵进行修改，但是对精灵所做的修改不会影响到演员本身。

5. Score（剧本分镜窗）

剧本分镜窗是组织演员进行"演出"的指挥中心，而演员则被这个指挥中心赋予了不同的演出任务，即变为"精灵"，其他窗口则为剧本分镜窗提供素材。

6. Channel（通道）

通道用来组织和控制按时间顺序排列的影片内容。剧本分镜窗包含许多用来放置精灵的精灵通道，顶部还有几个特效通道，包括速度、调色板、转场效果、声音和脚本通道。

当精灵出现在影片里时，其所在的精灵通道将被编号和控制，精灵在精灵通道中的顺序决定了其将被绘制在其他精灵的上面还是下面。

7. Frame（帧）

帧是通道中的一栏，用于展现影片里的一个瞬间。制作影片时，舞台上显示的是单帧画面。播放影片时，各帧画面在舞台上被有控制地播放，产生动画的视觉效果。

8. Ink（墨水）

Ink 是精灵在舞台上被描绘的一种规则。当多个精灵放置在不同的精灵通道中时，会出现重叠的情况。在默认情况下，上面的精灵会覆盖掉下面的精灵。改变 Ink 类型能改变一个精灵所显示的颜色和外观，决定互相重叠的精灵的最终显示效果。改变 Ink 类型的方法是，单击一个精灵，然后在属性检查器的 Sprite 选项卡的 Ink 下拉列表中选择这个精灵的覆盖方式。常用的 Ink 类型说明如下。

① Copy（默认），舞台上的精灵占据一个不透明的矩形区域，它将覆盖掉下面的精灵。

② Background Transparent，使精灵的背景色（包括精灵内部的）变为透明。

③ Matte，可移除精灵周围的背景色，将其设置为透明，但不去除精灵内部的背景色。

④ Transparent，将精灵中的像素加亮，使其能透出下面的图像。

9. 混合色

使用混合色可以使精灵变得透明。通过改变混合色设置可以设置精灵淡入或淡出效果。

2.2 舞台

2.2.1 基本设置

舞台（Stage 面板）在 Director 中是一种定位工具，制作的影片通过舞台显示。舞台的组成如图 2.13 所示。

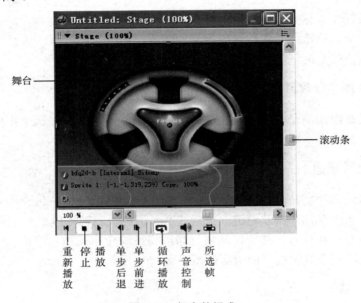

图 2.13　舞台的组成

Director 将舞台设计成带有滚动条的窗口。在窗口左下角的下拉列表中选取比例，可以放大或缩小显示在舞台上的内容，显示比例不影响舞台的实际大小。

1. 设置影片属性

Director 舞台的大小和色深并不局限于计算机系统所设置的屏幕大小和显卡所提供的色深。所以在开发 Director 影片前，需要设置舞台大小、位置和颜色等。

在属性检查器的 Movie 选项卡内设置影片属性，如图 2.14 所示。

（1）设置舞台大小

在实际设计过程中，对舞台大小的要求是非常高的，它不仅会影响影片的播放速度，甚至会对影片的品质产生很大的影响。因此，在制作影片之前需要慎重选择舞台的大小。舞台默认大小为 320×240px。

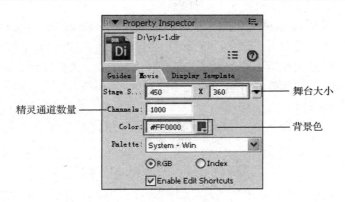

图 2.14　设置影片属性

（2）设置舞台颜色

舞台默认的颜色为白色，如果需要将舞台颜色设置为其他的颜色，可以通过 Color（颜色）框进行设置。

Palette（调色板）下拉列表用于为影片选择一种调色板。该调色板的值将被保留到 Director 在调色板通道中使用另一个不同的调色板设置为止。

如果选择 RGB，则采用 RGB 值设置颜色；如果选择 Index，则按照当前调色板指派颜色。

（3）设置精灵通道数量

在 Channels 框中输入数值，可以指定精灵通道数量。

2. 设置基准线和栅格

对一些制作要求比较高的影片或动画，为了更方便地对齐舞台上的精灵，可以在 Guides 选项卡中打开并设置舞台上的基准线和栅格。基准线和栅格是一种对齐工具，在布置场景时可以起到辅助对齐的作用。它们只在编辑影片时起作用，在输出的影片中不会出现。

图 2.15 中的左图为显示有栅格的舞台，右图为属性检查器中的 Guides 选项卡，上半部分用于设置基准线，下半部分用于设置栅格。

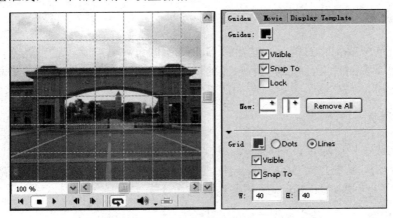

图 2.15　有栅格的舞台和 Guides 选项卡

Guides 栏：Visible 复选框用于控制是否显示基准线，Snap To 复选框用于控制是否自动贴齐基准线，Lock 复选框用于控制是否锁定所有基准线。按住 New 右侧的█或█按钮，将其拖放到舞台上可分别设置水平与垂直基准线。要移除一条基准线，只要将它从舞台上拖走即可；要移除所有的基准线，可以单击 Remove All 按钮。

Grid 栏：勾选 Dots 单选钮，栅格将会以点的形式显示，否则以 Lines 形式显示。Visible 复选框用于控制栅格线是否显示，Snap To 复选框用于控制是否自动贴齐栅格线。

2.2.2　基本操作

Director 中舞台上的基本操作包括对精灵的添加、删除、复制、移动等，以及改变舞台显示区域。

1．添加精灵

添加精灵就是在舞台上放置素材，如文本、音频、图形、图像、视频、动画等。向舞台上添加精灵的方法有多种，较为常用的方法如下。

（1）从演员表向舞台上添加精灵，分为两种情况。

① 选中演员表中已导入的演员，按住鼠标左键不放，直接将演员拖放到舞台上合适位置，释放鼠标即可生成该演员对应的精灵。

② 通过 Text（文本）窗口、Paint（绘图）窗口或者 Vector Shape（矢量图形）窗口等创建演员，然后从演员表向舞台上添加精灵。下面以 Vector Shape 窗口为例，介绍它们的添加方法。

选择"Window | Vector Shape（窗口 | 矢量图形）"菜单命令，打开 Vector Shape 窗口，在其中绘制一个矢量图形，如图 2.16 所示。此时就会在演员表中创建一个新的矢量图形演员，然后将该演员拖放到舞台上合适位置即可。

（2）使用工具面板中的按钮直接在舞台上创建图形或者文本对象等，该对象会自动成为演员表中的演员，同时在剧本分镜窗中将其作为精灵放入精灵通道。

2．删除精灵

在舞台上选中要删除的精灵，然后按 Delete 键即可将其删除。这种删除操作只是删除舞台和精灵通道中的精灵，该精灵所对应的演员还在演员表中。若选中演员表中的演员，然后按 Delete 键，则该演员及其对应的所有精灵都将被删除。

3．复制精灵

在舞台上选中一个精灵，按 Ctrl+C 组合键，可将该精灵复制到剪贴板中，在目标位置按 Ctrl+V 组合键，新的精灵就会复制出来。当然，上述方法也可以通过快捷菜单中的 Copy Sprite（复制精灵）和 Paste Sprite（粘贴精灵）命令来实现。

4．移动精灵

在舞台上选中精灵，按住鼠标左键不放，将其拖动至目标位置，释放左键，即可移动精灵。如果要精确设置精灵在舞台上的位置，则选中精灵，打开属性检查器，在 Sprite 选项卡中调整其 X 和 Y 的值，如图 2.17 所示。

图 2.16　绘制矢量图形

图 2.17　Sprite 选项卡

5. 改变舞台显示区域

当舞台大小大于舞台显示区域时，用户只能看见舞台的一部分，可以使用以下任何一种方法来移动舞台显示区域：

① 选择工具面板中的 Hand（手形）工具，鼠标光标变成手形，此时可以移动舞台以改变其显示区域；

② 按下空格键不放，鼠标光标变成手形，此时可以移动舞台以改变其显示区域。

注意：当鼠标光标变成手形后，要还原光标形状，可单击工具面板中的　工具。

2.3　演员表

2.3.1　演员表简介

演员表（Cast 面板）包含了影片中需要用到的角色成员（演员），主要用于调用和处理素材，管理场景。其缩略图视图最上面一排为演员控制区，如图 2.18 所示。

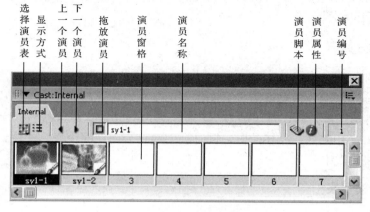

图 2.18　演员表缩略图视图

演员表里的角色成员通常可分成以下两种类型。

① 影片中出现的媒体元素，如文本、图形、图像、音频、动画和视频等。这些演员被当作精灵放置在舞台和剧本分镜窗的精灵通道里。

② 某些可能出现在剧本分镜窗里但不会出现在舞台上的元素，如脚本、调色板、字体以及转场效果等，它们只能出现在剧本分镜窗的特效通道里。

在 Director 中，每个演员都有演员编号，即该演员所在窗格的编号。一个演员表中，不可能有相同编号的两个演员。利用演员编号可以区别任意一个演员，所以在编程时，可以通过演员编号来调用演员。但是，如果将演员从一个窗格移动到另一个窗格中，可能会出现调用错误。此外，每个演员都有自己的名称，但是需要注意的是，演员名称不是唯一的，也就是说，可以有重名的演员存在。所以用演员名称调用演员时必须注意是不是还有重名的演员。建议不要使用相同的演员名称。采用演员名称调用演员的好处是将演员从一个窗格或演员表移动到另一个窗格或演员表中时，不需要对脚本进行任何修改。

Director 中演员的种类非常多，在演员表中每个演员的右下方，都有一个小标记，标明演员的类别。常用演员类别标记如表 2.2 所示。

表 2.2　常用演员类别标记

标　记	演员类别	标　记	演员类别
	位图		文本
	矢量图形		Field
	形状		脚本
	按钮		行为
	单选钮		影片脚本
	Windows Media		胶片环
	数字视频		转场效果
	声音		Flash 动画

2.3.2　演员表的创建

1. 演员表分类

Director 中的演员表分为两种类型：一种是内部演员表（Internal Cast），另一种是外部演员表（External Cast）。内部演员表只能作用于一个影片并且被存储在影片文件内部；而外部演员表被存储在影片外，可以被多个其他影片所共享，这样可减小影片文件的大小。

当在 Director 中新建一个影片时，同时会创建一个内部演员表。在默认情况下，演员都存放在这个演员表中。

2. 创建新演员表

在制作影片时，若涉及的演员非常多，如果都放在一个演员表里，对演员的管理就非常不方便，此时可以建立多个演员表，按分类把演员安排在不同的演员表中。

　　另外，在一些大的项目中，需要多人合作开发，每个程序员负责一个功能模块，但是他们有可能用到相同的演员，如背景和按钮等，可以把这些演员作为公用元素，这就需要建立外部演员表，将需要共享演员单独放到一个独立的文件中。

　　创建新的演员表，步骤如下。

　　（1）选择"File | New | Cast"菜单命令，打开 New Cast（新演员表）对话框，如图 2.19 所示。

　　（2）在 Name 框中输入新演员表的名称。

　　（3）设置新演员表类型。

　　在 Storage 选项组中，若选择 Internal（内部）按钮，则使新演员表仅用于当前影片；若选择 External（外部）按钮，则使新演员表可与其他的影片共享。如果在当前影片中暂时不使用新建的外部演员表，取消选中 Use in Current Movie（在当前影片中使用）复选框。

　　（4）单击 Create（建立）按钮，演员表将被创建，并且出现在演员表窗口中。

3. 保存演员表

　　内部演员表随同 Director 影片的保存一起被保存。

　　外部演员表是一个独立于影片的文件，扩展名为.cst，需要单独进行保存。选择"File | Save"菜单命令，打开保存外部演员表对话框，如图 2.20 所示。

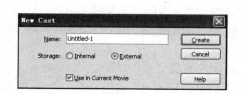

图 2.19　新建演员表　　　　　　　图 2.20　保存外部演员表对话框

在"保存类型"选择 Director Cast，指定为外部演员表。

注意：当保存外部演员表时，Director 影片本身并没有同时被保存。

　　如果希望将外部演员表连同 Director 影片一起保存，则需要选择"File | Save All"菜单命令。

4. 演员表属性设置

打开属性检查器，选择 Cast 选项卡，如图 2.21 所示。

在 Name 框中可改变当前演员表的名称。

Preload 下拉列表用于定义在影片播放期间如何将演员载入内存。

　　① When Needed：在影片播放时，将需要的演员载入内存。

图 2.21　演员表属性设置

② After Frame One：当影片离开第 1 帧时，再载入其他演员（除第 1 帧所必需的那些之外）。这个设置可以确保第 1 帧可以很快地出现。

③ Before Frame One：在播放第 1 帧之前载入所有演员。如果有足够的内存来存储所有的演员，这个选项可以提供最好的回放性能。

5. 使用演员表

当影片中的演员表较多时，有的演员表可能处于关闭状态，此时，如果需要使用该演员表，可以选择"Window | Cast"菜单命令，在其级联菜单中选择要打开的演员表即可。

对外部演员表必须明确地链接到使用它的影片中。要将一个外部演员表链接到一个影片中，可以选择"Modify | Moviet | Cast"菜单命令，在 Movie Casts 对话框中，单击 Link（链接）按钮，定位并选择所要使用的外部演员表，然后单击 Open 按钮。

如果要从一个影片中移除外部演员表的链接，可以选择"Modify | Moviet | Cast"菜单命令，在 Movie Casts 对话框中选择该外部演员表，单击 Remove（移除）按钮。

2.3.3 演员表的操作

Director 中演员表的操作主要分为两类：一是在演员表中创建演员；二是对当前演员表中演员进行一些常规操作，如移动、复制、排序等。

1. 创建演员

图 2.22 导入演员对话框

Director 中常用的演员创建方式是将已制作好的素材导入演员表，或者利用 Director 内置工具。

（1）导入演员

选择"File | Import"菜单命令，打开导入演员对话框，如图 2.22 所示，可以将素材导入演员表中编号最小的未使用的窗格中。

也可以右击演员表中一个未使用的窗格，在快捷菜单中选择 Import 命令，打开导入演员对话框，选择要导入的素材，将其导入该窗格中。

（2）用 Director 内置工具创建演员

① 使用工具面板中的工具，直接在舞台上创建演员。例如，绘制一个按钮，将会自动在演员表中创建其对应的演员，并且在剧本分镜窗中自动将其作为精灵放入精灵通道。

② 使用脚本编辑窗口创建脚本演员。

③ 选择"Insert | Media Element（插入 | 多媒体元素）"菜单命令，在级联菜单中选择

要创建的演员的类别，例如，Cursor（动画光标）演员。

④ 使用媒体编辑窗口，例如，使用 Paint 窗口、Vector Shape 窗口、Text 窗口等创建和编辑演员。

2. 演员管理

对演员表中的演员，可以执行移动、复制、排序等操作。

（1）移动演员

选中需要移动的演员，按住鼠标左键不放，将演员拖放到目标位置后释放鼠标左键即可移动演员。此时，该位置后的所有演员都会向后移动一个位置。

（2）复制演员

可以使用 Ctrl+C、Ctrl+V 组合键对演员进行复制、粘贴操作。

（3）对演员进行排序

在制作 Director 影片时将演员表中的演员按照一定规则进行排序也很重要。具体操作方法：选中需要排序的所有演员窗格，选择"Modify | Sort（修改 | 排序）"菜单命令，打开如图 2.23 所示的 Sort 对话框。

在该对话框中有 5 种排序方式。

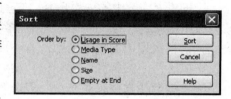

图 2.23　Sort 对话框

① Usage in Score（剧本分镜窗使用顺序）：按照演员在剧本分镜窗中出现的先后顺序进行排序。

② Media Type（媒体类型）：按照演员的不同媒体类型进行排序，将相同类型的演员放在一起。

③ Name（名称）：按照演员名称的字母顺序进行排序。

④ Size（大小）：按照演员占用的存储空间大小进行排序。

⑤ Empty at End（结束为空）：维持原有的排序不变，将空的演员窗格移动到演员表的最后。

2.4　剧本分镜窗

Director 的基本概念是影片中的"帧"，画面一帧一帧地在舞台上呈现出来，剧本分镜窗（Score 面板）用于安排精灵、设置影片效果、控制舞台上所有精灵在什么时候执行动作。

1. 剧本分镜窗简介

剧本分镜窗用于组织和控制按时间顺序排列的影片内容，其组成如图 2.24 所示。

剧本分镜窗中的行称为通道，Director 中默认有 150 个基本通道，即精灵通道（以下简称为通道）。一个通道中可以放置一个或者多个精灵，当精灵出现在影片里时，将会按其所在的通道被编号和控制。精灵在舞台上的层次由所在通道的次序确定，编号高的通道中的精灵呈现在编号低的通道中的精灵的上面。所以一般把背景放在通道 1 中，越活跃的精灵需要放在编号越高的通道中。

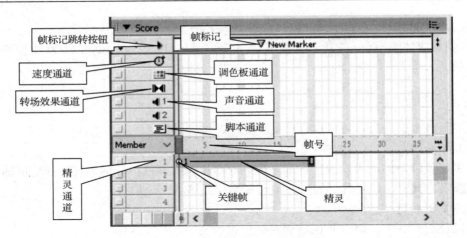

图 2.24 剧本分镜窗组成

剧本分镜窗中的列称为帧，在理论上类似于影片胶片里的 1 帧，帧号在精灵通道的上方。帧按照从左到右的顺序播放。帧包含了影片播放的某一时刻舞台上所有精灵的演出情况。

在精灵使用的帧序列中，有许多比较重要的帧，通常称为关键帧。关键帧在剧本分镜窗中以一个小的圆圈作为标记。精灵的起始帧是一个关键帧。通常，精灵的结束帧以一个小的矩形框作为标记，它不是关键帧。如果要使精灵的结束帧也成为关键帧，必须在该帧处创建或插入关键帧。

剧本分镜窗里红色的垂直线称为播放头。播放头所到达的位置就是当前播放的内容。可以单击剧本分镜窗里任意帧来向后或向前移动播放头。

剧本分镜窗提供影片的一个时间线视图，舞台上当前显示的内容为剧本分镜窗里被选择的时间点（当前帧）。

在剧本分镜窗上方的帧标栏中可以对某帧的位置赋予特定的名称，称为 Marker（帧标记）。单击 Previous Marker（前一个帧标记）或 Next Marker（后一个帧标记）按钮可以跳转到前一个帧标记或后一个帧标记所在的帧。

2. 特效通道

Director 中除了基本通道，还隐藏了一些特效通道，位于剧本分镜窗的上半部分。打开和关闭这些特效通道的方法是单击剧本分镜窗右上角的 "Hide/Show Effects Channels" 按钮。这些特效通道的作用说明如下。

（1）Tempo Channel（速度通道）：用于控制影片的播放速度。它决定了每秒显示多少帧。也可以使影片暂停，直到单击鼠标或按下键盘上的按键，或者视频、音频播放结束。

（2）Palette Channel（调色板通道）：用于设置影片中可用的颜色。

（3）Transition Channel（转场效果通道）：Director 中内置了大量的转场效果，用于帧与帧之间画面的转换，丰富了影片的特效，也使得精灵的出现更加自然。

（4）Sound Channel（声音通道）：有两个声音通道，用于为影片添加背景音乐、声音效果以及画外音等。

（5）Script Channel（脚本通道）：双击脚本通道中的某帧，打开脚本编辑窗口，在其中可以写入 Lingo 脚本或者 JavaScript 脚本，用于对该帧进行行为控制，同时，自动在演员表中创建脚本演员，如图 2.25 所示。

图 2.25　创建脚本演员

2.5　应用实例

2.5.1　制作音乐播放器

例 2.1 制作的影片只能播放指定的歌曲。下面的例子将在影片中增加交互功能，影片放映时，可以通过单击按钮来切换播放的歌曲。

【例 2.2】　制作一个音乐播放器，内部有 3 个歌曲选择按钮，如图 2.26 所示。通过单击 one、two、three 按钮，可以实现歌曲的切换。

〖设计分析〗

音乐播放器的界面可以直接使用一张背景图片构成，在图片上叠加文本演员构造 3 个按钮，使用鼠标的 mouseUp 事件控制播放头的位置，实现歌曲的切换。在设计前，准备好播放器的背景图片和 3 个.mp3 格式的音频文件。

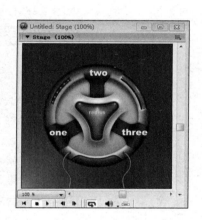

图 2.26　运行效果

〖设计步骤〗

1）舞台与演员的准备。

（1）新建一个影片，设置舞台大小为 600×600px，背景为白色。

（2）选择"Window | Panel Sets | Default"菜单命令，切换到默认的 Director 工作界面。

（3）选择"Edit | Preferences | Sprite"菜单命令，打开 Sprite Preferences 对话框，在 Span Duration 栏中输入 30，设置默认精灵跨度为 30 帧。

（4）导入演员。右击演员表第一个窗格，在快捷菜单中选择 Import 命令，在导入演员对话框中选择素材：图像文件 background.jpg，音频文件 song1.mp3、song2.mp3 和 song3.mp3，单击 Import 按钮，弹出参数设置对话框，不需要进行任何改动，单击 OK 按钮，将相关素材导入演员表中。上述 4 个演员使用了演员表中的窗格 1～4，对应的演员编号为 1～4。

（5）生成文本演员构造按钮。单击常用工具栏中的 **A** 按钮，打开 Text 窗口，输入"one"。右击文字"one"，在快捷菜单中选择 Font 命令，打开 Font 面板，设置字体为 Arial Black，大小为 36，白色，生成一个文本演员。

同样方法，创建 two 和 three 这两个文本演员。新创建的三个文本演员使用了演员表中的窗格 5～7，对应的演员编号为 5～7。演员表如图 2.27 所示。

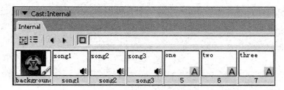

图 2.27　演员表

2）使用剧本分镜窗布置场景放置演员。

（1）分别拖动演员 background 以及 one、two 和 three 到通道 1、通道 2、通道 3 和通道 4 上，生成精灵 Sprite 1～Sprite 5，调整它们的位置及大小，设置文本演员所对应精灵 Sprite 2～Sprite 5 的 Ink 类型均为 Background Transparent，即背景透明。分别将演员 song1、song2 和 song3 放置在声音通道 1 的第 5～10 帧、第 15～20 帧和第 25～30 帧。剧本分镜窗的编排与舞台效果如图 2.28 所示。

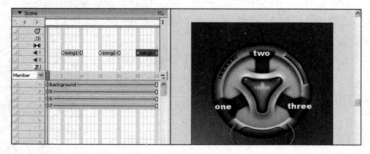

图 2.28　剧本分镜窗的编排与舞台效果

（2）为使文字"one"在舞台上起按钮的作用，需要对演员 one 添加行为脚本。在舞台或在通道 2 第 1～30 帧上右击演员 one 对应的精灵 Sprite 2，在快捷菜单中选择 Script 命令，打开脚本编辑窗口。脚本编辑窗口中默认有空的 mouseUp 事件（事件是指一个影片正在播放的时候发生的动作，mouseUp 事件是指单击某对象后松开鼠标按键将会发生的动作）过程，需要在其中输入脚本 go to frame 5，使播放头跳转到第 5 帧，如图 2.29 所示。

该脚本创建了一个互动行为脚本演员，并被添加到演员表中，存放在窗格 8 处，对应的演员编号为 8。该脚本演员作用于文字"one"对应的精灵 Sprite 2，舞台上精灵的标记如图 2.30 所示。

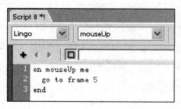

图 2.29　输入脚本

图 2.30　舞台上精灵的标记

该脚本的功能：单击影片中的"one"按钮，松开鼠标按键后，会发生 mouseUp 事件，使影片跳转到第 5 帧。由于歌曲精灵 song1.mp3 放置在声音通道 1 的第 5～10 帧上，因此启动播放从第 5 帧开始的歌曲 song1.mp3。

同样方法，为文字"two"和"three"对应的精灵设置相应的行为脚本，分别输入脚本 go to frame 15 和 go to frame 25。单击影片中的"two"或"three"按钮，将分别播放歌曲 song2.mp3、song3.mp3。

（3）暂停控制。当影片开始播放后，播放头将自动从第 1 帧开始向后移动，这时不管用户是否单击影片中的"one"、"two"或"three"按钮，播放头都会移动到第 5、15、25 帧，先后播放对应的歌曲。这就需要用脚本控制播放头不向后移动，使它暂停在某帧处，等待用户单击按钮。

为此，双击脚本通道的第 1 帧，打开脚本编辑窗口，同时创建脚本演员 11。脚本编辑窗口中默认有空的 exitFrame 事件过程，该事件表示退出所在帧时将会发生的动作。在该事件过程中输入脚本 go to the frame，如图 2.31 所示。关键字 the frame 代表当前帧，由于当前帧为第 1 帧，因此脚本 go to the frame 会使播放头再回到第 1 帧，形成不断退出又返回的循环过程，产生了播放头暂停的效果。

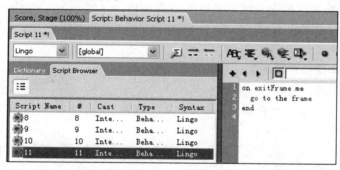

图 2.31　暂停在当前帧的脚本

当选定的某个歌曲播放完后，也不允许播放头自动向后移动，否则会继续播放后面的歌曲。同样方法，分别在脚本通道的第 10、20、30 帧处输入脚本 go to the frame，使播放头暂停。

3）播放与调试。

单击控制面板中的 ▶ 按钮查看播放效果。如果效果不满意，则需要进行调试。

4）保存与发布。

将源文件保存为 sy2_2.dir，并发布为 sy2_2.exe。

注意：本例中，播放头暂停控制使用了相同的脚本 go to the frame，因此在设计时可重复使用脚本演员 11，方法是将脚本演员 11 分别拖放到脚本通道的第 10、20、30 帧处，而不必在第 10、20、30 帧处分别创建新的脚本演员，这样可使设计更简捷。

2.5.2 风光浏览

【例 2.3】   使用 Director 内置转场效果制作图片的过渡特效，实现各地风光的浏览。要求相邻的两张图片之间用某种方式进行切换。

〖设计分析〗

转场效果就是在两帧之间构建简短的动画，创建一个平滑的过渡效果，例如，精灵的移动、出现、不可见等，或者改变整个舞台。Director 提供了许多内置的转场效果。

在设计前，准备好反映各地风光的.jpg 文件若干。

〖设计步骤〗

1）舞台与演员的准备。

（1）新建一个影片，设置舞台大小为 640×480px。

（2）为每张图片设置默认为 5 帧的表演时间（精灵跨度）。选择"Edit | Preferences | Sprite"菜单命令，打开 Sprite Preferences 对话框，设置默认精灵跨度为 5 帧。

（3）导入演员。右击演员来第 1 个窗格，在快捷菜单中选择 Import 命令，在演员导入对话框中选择素材文件 1.jpg、2.jpg、3.jpg、4.jpg 和 5.jpg，单击 Import 按钮，弹出图像参数设置对话框，不需要进行任何改动，单击 OK 按钮，将这些图片导入演员表窗格 1～5 中。

（4）创建文本演员。单击常用工具栏中的 **A** 按钮，在 Text 窗口中输入竖排文字"图片的转场效果"。设置字体为华文行楷，大小为 36 号，颜色为蓝色。文本演员存放在演员表的窗格 6 中。

2）使用剧本分镜窗布置场景放置演员。

（1）按图 2.32 所示的剧本分镜窗编排演员，分别拖动各图片演员到通道 1～5 中的对应位置，生成精灵 Sprite 1～Sprite 5。将文本演员拖放到通道 6 中，起始帧为第 1 帧，结束帧为第 25 帧，生成精灵 Sprite 6，并设置为背景透明。

图 2.32   剧本分镜窗的编排与舞台效果

（2）设置转场效果。选择相邻的两张图片在转场效果通道对应的交界位置设置转场效果。本例第一个需要设置转场效果的位置为第 6 帧。双击转场效果通道的第 6 帧,打开如图 2.33 所示的对话框,设置转场效果。

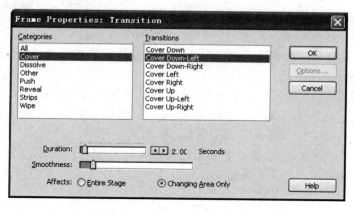

图 2.33　设置转场效果

Categories 列表框中为转场效果分类,Transitions 列表框中为某分类的细分效果。Director 内置的转场效果分类及其说明见表 2.3。

表 2.3　Director 内置的转场效果分类及其说明

转场效果分类	说　　明
Cover	前一个画面不动,移动后一个画面进行覆盖
Dissolve	前一个画面逐渐溶解,呈现后一个画面
Other	其他转场效果
Push	后一个画面将前一个画面推出舞台
Reveal	前一个画面逐渐消隐,后一个画面逐渐显露出来
Strips	使用带状方式将后一个画面逐渐显露出来
Wipe	擦除前一个画面,逐渐展开后一个画面

图 2.33 中,选择 Cover 分类中的 Cover Down-Left 转场效果,将会在转场效果通道的第 6 帧中生成脚本演员 7,它使图片 1 与图片 2 之间用向左下方遮盖的方式进行切换。

类似地,对第 11 帧、第 16 帧、第 21 帧设置不同的转场效果,产生脚本演员 8～10。

3)播放与调试。

单击控制面板中的 ▶ 按钮,影片将自动从第一张图片播放到最后一张图片。

4)保存与发布。

源文件保存为 sy2_3.dir,并发布为 sy2_3.exe。

在保存文件时,执行 save 命令将保存自从上次执行 save 命令后所有的改变,改变的内容将追加在原有的内容之上,文件会越来越大。执行 save and compact 命令,则先进行优化,再保存,文件中只留下最新的内容。

提示:如果希望用鼠标控制图片的显示,即单击前一张图片后再用转场效果切换到下一张图片，就需要在每张图片的结束帧上分别设置脚本 go to the frame，使播放头暂停在指定帧上。可双击脚本通道上的第 5 帧，打开脚本编辑窗口，在 exitFrame 事件过程中输入脚本 go to the frame，创建脚本演员 11。然后将脚本演员 11 拖放到脚本通道的第 10、15、20、25 帧处，产生暂停播放效果。

由于转场效果脚本精灵都位于暂停帧的下一帧（第 6、11、16、21 帧），只需要使用脚本 go to the frame+1 就可以跳转到暂停帧的下一帧。右击通道 1 中的精灵 Sprite 1，在快捷菜单中选择 Script 命令，打开脚本编辑窗口，在 mouseUp 事件过程中输入脚本 go to the frame +1，创建脚本演员 12，该脚本演员作用于精灵 Sprite 1。然后，重复使用脚本演员 12，分别拖放到舞台的精灵 Sprite 2、Sprite 3、Sprite 4 上即可。

为了使影片可以重复播放，需要在最后一张图片精灵 Sprite 5 上设置脚本 go to frame 1。

完成这些设置后，在影片开始播放后，会停留在图片 1 上，等待用户单击，从而跳转到下一张图片。

注意：脚本中的 the frame 代表当前帧；frame n 代表第 n 帧，此时，frame 前不能有冠词 the。

2.6　上机实践

1. 使用 t2-1 文件夹内的素材，制作一个影片。效果要求：首先出现图像背景和文字"阿瓦日古丽"，然后开始播放歌曲，并同步出现自下而上移动的歌词。歌曲播放完毕，歌词也随之消失。源文件保存为 t2_1.dir，并发布为 t2_1.exe。

提示：要使歌词的出现和消失与歌曲播放同步，在设计时可通过属性检查器的 Sound 选项卡查看歌曲的播放时间，如图 2.34 所示。

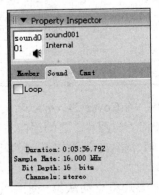

图 2.34　Sound 选项卡

本例歌曲时长为 3 分 36 秒，共 216 秒。设置播放速度为 1 帧/秒，则精灵跨度为 216 帧，因此，需要用 216 帧完成歌词在舞台上的移动，移动距离为舞台的高度（歌词精灵的初始位置在舞台下边框外，结束位置在舞台上边框外）。

2. 使用 t2-2 文件夹内的素材，制作如图 2.35 所示的上海外滩夜景展示效果，实现图片与文本的变换闪动。图片 1 上的文本"上海外滩夜景"的前景色为黑色，背景色为黄色；

图片 2 上的文本颜色改为红色，背景为绿色。源文件保存为 t2_2.dir，并发布为 t2_2.exe。

图 2.35　图片与文本变换闪动

提示：剧本分镜窗的编排和演员表如图 2.36 所示。在通道 2 上使用文本演员 2 次，设置前一个文本精灵的前景色为黑色，背景色为黄色，后一个文本精灵的前景色为红色，背景为绿色，并使它们在舞台上出现的位置相同，即可实现文本的闪动。

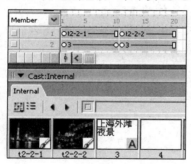

图 2.36　剧本分镜窗的编排和演员表

3．使用 t2-3 文件夹内的素材，交替显示四季的风光图片，源文件保存为 t2_3.dir，并发布为 t2_3.exe。

4．使用 t2-4 文件夹内的素材，以及个人生活照片（3～5 张），添加背景音乐，制作个人电子相册。源文件保存为 t2_4.dir，并发布为 t2_4.exe。

5．使用 t2-5 文件夹内的素材，制作一个可用鼠标拖动图片并产生痕迹的动画，源文件保存为 t2_5.dir，并发布为 t2_5.exe。

提示：在属性检查器的 Sprite 选项卡中，使用 按钮和 按钮设置精灵的 Moveable 属性和 Trails 属性。

第3章

文本操作

文字表达的最大特征是表意准确，通过文字可以清楚、准确地表达主题思想，同时给人以丰富的想象空间。抛去文字本身所具有的表意功能外，作为视觉传达中重要的能动因素，不同的文字或者相同的文字使用不同的字体都给人以不同的感受，产生不同的艺术效果。

本章主要介绍 Director 中使用的文本类型和创建方法。

本章要点：

◇ 了解文本和文本域的概念。

◇ 掌握创建文本和文本域实例的方法。

◇ 掌握利用行为检查器对文本创建简单行为的方法。

◇ 掌握外部文本的导入方法。

◇ 了解嵌入字体。

3.1 创建文本

3.1.1 文本的概念

在多媒体作品制作过程中，虽然图形、图像、音频等占有主导地位，但文本对象也是必不可少的，很多功能性的组成部分也要求文本的加入，例如，按钮、说明、帮助和提示等都离不开文本。很多时候，文本不仅能够对视频画面进行辅助说明，还能突出主题内容。可以说，一个成功的多媒体作品单靠图形、图像、音频等是无法实现的，必须要借助文本。

Director 中，能够创建用于 macOS 和 Windows 两种平台的 Outline 字体的文本。该类文本可编辑、无锯齿，是有利于快速下载的矢量字体的文本。将文本与 Director 提供的动画特性结合起来，例如旋转，在 Director 影片中将产生奇妙的文本效果。

可以在一个影片中嵌入字体来确保播放影片时，文本会以指定的字体显示，不用担心用户计算机上是否存在该字体。

Director 提供了许多方法将文本添加到一个影片中。用户既能在 Director 里创建新的文本演员，也能从外部的源文件导入文本以创建文本演员。Director 可以识别的文本格式有 3 种：纯文本、RTF 和 HTML。纯文本文件没有任何字体和格式，只是字符本身；RTF 和 HTML 文档中除文本字符外，还包含各种样式和格式。

在文本成为影片的一部分之后，可以使用 Director 提供的格式化工具以多种方法格式化文本。Director 内置了标准的文本排版功能，包括对齐、制表符、字距调整、间距、下标、上标、颜色等。

在影片中可以使用两种文本演员：文本（Text）演员和域文本（Field）演员。

文本和域文本是两个不同的概念，文本只能用于显示指定的文本信息，而域文本则允许观众修改文本内容。通常，文本演员主要用在需要提供某些信息的位置，而域文本演员则用于交互，如数据库录入、资料查询等。

3.1.2　Text 窗口

1. Text 窗口简介

Director 提供两种方法来创建文本演员：在 Text（文本）窗口中或者直接在舞台上创建。

Text 窗口实际上就是一个简单的文本处理工具，它包含了标准的文本处理软件所具备的选项和功能。

选择"Window | Text"菜单命令或单击常用工具栏中的 Text Window 按钮 **A**，就可以打开 Text 窗口，如图 3.1 所示。

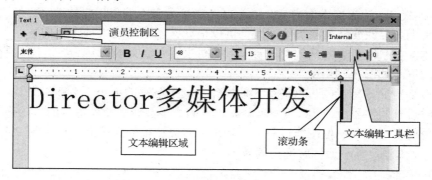

图 3.1　Text 窗口

Text 窗口与其他窗口相似，最上边的一排为演员控制区，用于新建、选择文本演员，以及为文本演员命名、添加脚本等，见表 3.1。第二排是文本编辑工具栏，用于实现对文本字体、字号、样式、对齐以及字间距和行间距等的设置，见表 3.2。下面是文本编辑区域，是输入和编辑文本的地方，该区域还提供了标尺以及制表符等工具，其操作方法与文字处理软件 Word 有许多相似之处。

表 3.1　演员控制区说明

图　标	功　能　说　明
✚	新演员（New Cast Member），在不退出 Text 窗口的情况下，创建一个新的演员
◀	上一个演员（Previous Cast Member），跳转至上一个演员
▶	下一个演员（Next Cast Member），跳转至下一个演员
▢	拖放演员（Drag Cast Member），将演员直接从 Text 窗口拖放至剧本分镜窗或舞台中
▭	演员名称（Cast Member Name），当前编辑的演员名称

续表

图　标	功　能　说　明
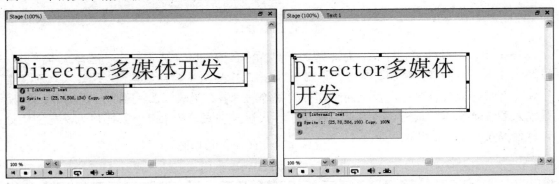	演员脚本（Cast Member Script），编写演员的脚本
	演员属性（Cast Member Properties），查看当前演员的相关属性
1	演员编号（Cast Member Number），当前演员编号
Internal ▼	选择演员表（Choose Cast），从下拉列表中选择其他演员表

表 3.2　文本编辑工具栏说明

按　钮	功　能　说　明
	Line Space（行间距），定义文本中行与行之间的间距，单位是像素（px）
	Kerning（均衡紧），调节字符之间的像素大小
	Justify（强制齐行），两端对齐，使文本和左、右边界对齐
	制表符，包括左对齐、右对齐、居中对齐制表符，以及小数点制表符
	缩进，设置文本段落的缩进，包括左缩进、右缩进和首行缩进

2. 创建文本演员

在 Text 窗口中输入文本内容后，就会自动在演员表中创建相应的演员，但它不会自动出现在舞台上。要改变文本演员的宽度，可以拖动文本编辑区域右边的竖线。

将文本演员从演员表中拖放到舞台上，就创建了一个文本精灵。当文本精灵被选中时，会出现双边框，如图 3.2 所示。

在舞台上对文本精灵的边框进行缩放操作，其中字符的大小不会随之缩放，字符的大小由编辑时设置的字号所决定。但文本精灵边框的大小会影响文本内容的自动换行等效果。这一点与位图演员不同，位图演员的大小随位图精灵边框的大小而变化。图 3.3 所示是对图 3.2 中的文本精灵缩小边框宽度后的效果。

图 3.2　选中文本精灵　　　　图 3.3　缩小文本精灵边框宽度后的效果

要直接在舞台上创建文本演员，需要使用工具面板中的文本工具，这将在后面详细介绍。

3. 编辑及设置文本格式

（1）在舞台上编辑文本：双击舞台上要编辑的文本精灵，文本中会出现一个插入光标，就可以开始编辑文本了。

（2）设置文本格式：利用 Text 窗口中的文本编辑工具栏可以方便地对文本进行格式设置操作。图 3.4 所示为对一个文本演员应用了制表符和不同的字体设置。

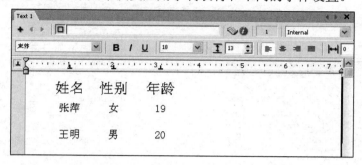

图 3.4　使用文本编辑工具栏设置格式

Text 窗口的背景色可通过工具面板中的前景色与背景色按钮 设置。

注意： 无论选择哪种工具（如字体、字号、制表符和缩进等），只对选中的文本内容或光标所在的文本段落起作用。

【**例 3.1**】　制作一个可以旋转的 3D 文字影片，效果如图 3.5 所示。

图 3.5　旋转的 3D 文字

〖设计分析〗

Director 中的文本演员可以直接通过属性设置变成 3D 文字，利用内置的行为可以产生旋转的效果。

〖设计步骤〗

1）舞台与演员的准备。

（1）新建一个影片，设置舞台大小为 320×240px。

（2）创建文本演员。单击常用工具栏中的 A 按钮，打开 Text 窗口，输入"旋转的文字"，使用文本编辑工具栏，设置字间距、字体和文字颜色，以及居中对齐等。

（3）构建 3D 模式。选中文本演员，在属性检查器中单击 Text 选项卡，在 Display 下拉列表中选择 3D Mode，如图 3.6 所示。

2）使用剧本分镜窗布置场景放置演员。

（1）将文本演员拖放到通道 1，起始帧为第 1 帧，产生文本精灵 Sprite 1，这时可以在舞台上看到 3D 文字的效果。

如果需要对文本效果进行修正，则切换到如图 3.7 所示的 3D Extrude（3D 挤压）选项卡中进行处理。

Camera Pos 和 Rotation 分别用于调节 3D 文字的轴向角度和旋转角度。

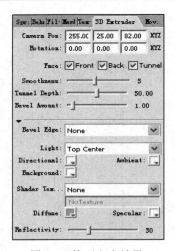

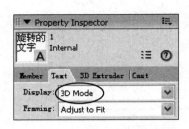

图 3.6 设置文本的 3D 模式　　　　　　图 3.7 修正文本效果

Face 用于设置 3D 文字外观，可以通过勾选 Front、Back 和 Tunnel 复选框产生组合效果，默认是全部勾选。

Smoothness 用于调节 3D 文字的平滑度，其数值越高，3D 文字外观越平滑。取值范围为 1～10，默认值为 5。

Tunnel Depth 用于设置 3D 文字挤出值（3D 文字是挤出成形的），即立体深度值。立体深度值越大，3D 文字就会显得越厚实。

Bevel Edge 用于设置倒角样式，有 Miter、Round 两个选项。Bevel Amount 用于调节倒角的大小。

Light 用于调节 3D 文字光源的方向。Directional 用于设置光源的颜色，Ambient 用于设置阴影的颜色，Background 用于设置背景色。

Shade Texture 用于设置 3D 文字的纹理，可以用导入的位图演员作为 3D 文字的纹理。

（2）设置 3D 文字旋转的效果。选择"Window | Library Palette（窗口 | 库面板）"菜单命令，打开 Library 面板，展开 Behaviors→3D→Actions 行为库，可以从中选择内置的行为。

这里选择 Automatic Model Rotation（模型自动旋转）行为，如图 3.8 所示，将其拖放到舞台的精灵 Sprite 1 上，在弹出的行为属性对话框中设置旋转速度和旋转轴，如图 3.9 所示，为精灵 Sprite 1 加载模型自动旋转行为。

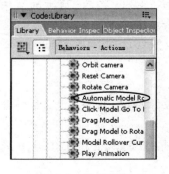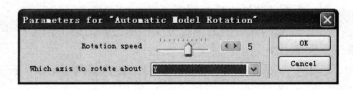

图 3.8 选择行为　　　　　　　　图 3.9 设置行为属性

注意： 3D 文字的旋转方式有三种，当设置的旋转效果造成文字内容显示不完整时，可以通过在要显示的文字内容前、后增加行或左、右增加空格的方法使之完整显示。

3）播放与调试。

打开控制面板，设置播放速度，使用 ▶ 按钮进行播放与调试。

4）保存与发布。

源文件保存为 sy3_1.dir，并发布为 sy3_1.exe

尽管 Director 有自己完整的文本编辑系统，但直接导入已创建好的文本文件更为便捷。下面通过一个例子来说明外部文本的导入方法。

【例 3.2】 　直接导入外部文本到影片中作为演员。

〖设计步骤〗

（1）新建一个影片，设置舞台大小为 320×240px。

（2）导入演员。选择"File | Import"菜单命令，在弹出的演员导入对话框中选中已准备好的外部文本文件，如图 3.10 所示，然后单击 Import 按钮将其导入。

当导入.txt 文件时，会弹出如图 3.11 所示的 Select Format（格式选择）对话框，询问该文本是以 Text（文本）演员的形式还是以 Script（脚本）演员的形式导入。

图 3.10　演员导入对话框

图 3.11　Select Format 对话框

如果选择 Text 项，单击 OK 按钮后，则会在演员表中出现如图 3.12 所示的文本演员。

（3）源文件保存为 sy3_2.dir。

3.1.3　Field 窗口

域（Field）也称为字段，它主要也是由文本组成的。域文本允许用户在影片播放过程中对其进行实时编辑，所以域文本可以实现影片播放时的交

图 3.12　演员表中显示导入的文本演员

互，可以作为数据和文字的输入或动态显示区域。域文本占用系统资源较小，对相同的内容，使用域文本演员的文件大小比使用文本演员的小一半，甚至更小。

1．创建域文本演员

选择"Window｜Field"菜单命令，打开 Field（域文本）窗口，如图 3.13 所示。可以发现，Field 窗口与 Text 窗口稍有区别，它没有提供标尺以及缩进和制表符等工具，也不能实现强制齐行等操作，其他操作基本相同。

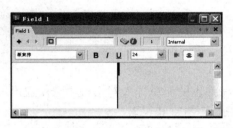

图 3.13　Field 窗口

在 Field 窗口中输入文本内容（也可以不输入），就会自动在演员表中创建相应的域文本演员。

2．使用域文本演员

域文本演员的使用类似于文本演员。

当然，在学习了脚本语言后，也可以用脚本语言实现对文本内容的相应控制。另外，调用属性检查器也可以实现对文本内容的修改，这将在后面具体讲解。

如果域文本精灵的文本内容较多，可选择属性检查器的 Field 选项卡，在 Framing 下拉列表中选择 Scrolling，如图 3.14 所示，为域文本精灵设置滚动条，效果如图 3.15 所示，用户可拖动滚动条来查看文本内容。

图 3.14　设置滚动条

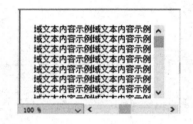

图 3.15　滚动条效果

【例 3.3】　　利用域文本制作一个影片。要求：在背景图上显示文本，用户可以用滚动条上下拖动查看文本内容，并可对文本内容进行编辑、修改等操作。

〖设计分析〗

要使影片中的域文本演员提供滚动条，必须在属性检查器的 Field 选项卡的 Framing 下拉列表中选择 Scrolling；若允许在域文本中添加、修改或删除内容，必须勾选 Editable 复选框。

在设计前，准备好背景图和文本内容。

〖设计步骤〗

1）舞台与演员的准备。

（1）新建一个影片，设置舞台大小为 450×314px。

（2）导入图像演员。右击演员表第一个窗格，打开演员导入对话框，导入图像文件 background.jpg。

（3）创建域文本演员。打开 Field 窗口，在其中输入文本内容（或将事先准备好的文本内容复制到 Field 窗口中）。选中 Field 窗口中的文本内容，设置字号为 14，加粗，楷体，对齐方式为 Align Left（左对齐）。

2）使用剧本分镜窗布置场景放置演员。

（1）将图像演员拖入通道 1 作为背景，起始帧为第 1 帧，结束帧为第 30 帧，在舞台上生成图像精灵。

（2）将域文本演员拖入通道 2，起始帧为第 1 帧，结束帧为第 30 帧，在舞台上生成域文本精灵。

（3）选择域文本精灵，打开属性检查器，在 Sprite 选项卡中，通过 Ink 下拉列表将其设置为背景透明。

然后，在 Field 选项卡中设置域文本精灵的显示方式，在 Framing 下拉列表中，先选择 Fixed，然后选择 Scrolling，并勾选 Editable、Wrap 和 Tab 复选框，使之可编辑、修改。

注意：当域文本精灵大小需要调整时，要先设置为 Fixed，再设置为 Scrolling。

3）播放与调试。

打开控制面板，设置播放速度，单击 ▶ 按钮查看播放效果并进行调试。

4）保存与发布。

源文件保存为 sy3_3.dir，并发布为 sy3_3.exe。

注意：当影片中需要大量文本时，用户可以有选择性地使用文本或域文本来创建文本演员。这时，要综合考虑多种因素，选择最适合的演员类型。例如，影片中对文本版式和样式以及其他某些属性不做具体的要求时，可以选择域文本演员，因为这样可以减小文件的大小，达到加快其运行速度的最终目的。

3.2　外部文本的读写

如果需要记录用户信息、动态更改程序中使用的文本资料，就要用到外部文本文件。Director 附带的文件输入输出插件 fileIO.x32 可以实现对外部文本文件的存储和读取。读写外部文本文件的基本方法见表 3.3。

要使用文件输入输出插件，必须建立 fileIO 的 Xtra 实例。建立 fileIO 的 Xtra 实例的语法如下：

表 3.3　读写外部文件的基本方法

命　　令	描　　述
createfile(文件路径)	按指定的文件路径创建外部文本文件
openfile(文件路径,方式)	按指定的方式打开文本文件，0 为写入，1 为读取
readfile()	读取文本
writeString(文本)	写入文本到文件中
closefile()	关闭文件

　　　　实例名= xtra("fileIO").new()

然后按"实例名.命令"格式对文件进行操作。

【**例 3.4**】　利用域文本制作一个影片，实现对外部文本文件的读写验证。

影片运行效果如图 3.16 所示。在上方的域文本内输入信息，单击"写文件"按钮将在影片文件所在的目录内建立文本文件 demo.txt；单击"读文件"按钮，将会读入 demo.txt

文件的内容并显示在下方的域文本中。

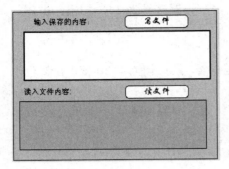

图 3.16　外部文本文件的读写验证

〖设计分析〗

本例要实现影片播放时的交互功能，需要使用域文本作为文本的输入和动态显示区域。要实现对外部文本文件的存储和读取，需要使用 fileIO. x32 插件的读写命令。

除了通过执行相应的菜单命令来建立文本演员、域文本演员、按钮演员，也可以使用工具面板中的工具来创建这些演员。下面的设计步骤将会介绍如何使用工具面板中的文本工具 A、域文本工具 和按钮工具 在舞台上直接创建演员和对应的精灵。

〖设计步骤〗

1）舞台与演员的准备。

（1）新建一个影片，设置舞台大小为320×240px，选择一种舞台背景色。

（2）创建文本演员。工具面板选择 Default 或 Classic 模式，如图 3.17 所示。

单击工具面板中的 A 工具，并在舞台上拖动出一个矩形，以定义该文本的显示区域。在文本区域的开始处显示有插入光标，输入文字"输入保存的内容："，然后在文本区域之外任意位置单击，退出输入状态。此时，所创建的文本对象自动成为一个文本演员，同时在舞台上生成一个与之对应的精灵，如图 3.18 所示。

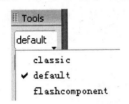

图 3.17　选择工具面板模式

图 3.18　文本精灵

同样方法，创建"读入文件内容："文本演员和与之对应的精灵。

注意：如果要修改或设置文本区域的内容和格式，可双击舞台上的文本精灵，使之变为可编辑状态。

（3）创建域文本演员。工具面板选择 Classic 模式，单击 工具，并在舞台上拖动出域文本区域，创建两个域文本演员和与之对应的精灵。

在演员表中将两个域文本演员名称分别改为 writemessage 和 readcontents（后面的脚本中要使用演员名称）。

双击 readcontents 演员，打开 Field 窗口，为其设置背景色。

在属性检查器的 Field 选项卡中，分别为两个域文本精灵设置域属性，如图 3.19 所示。

在属性检查器的 Sprite 选项卡中，设置两个域文本精灵的大小均为 295×80px。

（4）创建按钮演员。工具面板选择 Classic 模式，单击 工具，在舞台上拖动，分别输入"写文件"和"读文件"，创建两个按钮演员和与之对应的精灵。

（a）　　　　　　　　　　　　　（b）

图 3.19　设置域文本精灵的属性

双击演员表中的按钮演员，打开按钮文本编辑窗口，可以设置按钮文本的字号、颜色等。在属性检查器的 Sprite 选项卡中，可设置按钮精灵的大小。

2）使用剧本分镜窗布置场景放置演员。

由于本例使用工具面板中的工具直接在舞台上创建演员，在创建过程中，这些演员对应的精灵会被自动分配到各通道上，如图 3.20 所示。

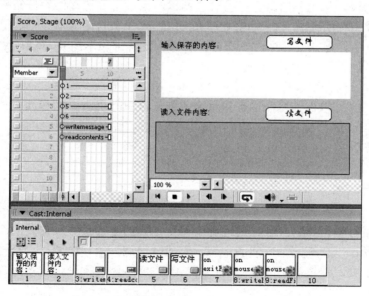

图 3.20　剧本分镜窗、舞台、演员表

为了实现文件的读写功能，需要使用脚本。

（1）暂停控制。双击脚本通道上的第 10 帧，打开脚本编辑窗口，在 exitFrame 事件过程内输入脚本 go to the frame。当影片播放时，播放头将暂停在第 10 帧，等待用户的交互操作。

（2）设置"写文件"按钮功能。右击舞台上的"写文件"按钮，在快捷菜单中选择"Script"命令，打开脚本编辑窗口，在 mouseUp 事件过程内输入以下脚本：

```
fileText= member("writemessage").text    --获取域文本演员 writemessage 的信息
filex = xtra("fileIO").new()             --建立 Xtra 实例，名为 filex
filePath = _movie.path & "demo.txt"      --文件绝对路径，_movie.path 为影片所在路径
filex.createFile(filePath)               --创建外部文本文件
filex.openFile(filePath, 0)              --打开文件，写入数据
filex.writeString(fileText)
filex.closeFile()                        --关闭文件
```

（3）设置"读文件"按钮功能。设置方法与"写文件"按钮类似，脚本如下：

```
member("readcontents").text=""           --清空域文本演员 readcontents 的信息
filex = xtra("fileIO").new()
filePath = _movie.path &"demo.txt"
filex.openFile(filePath, 1)              --打开文件，注意模式为 1
fileText = filex.readFile()              --读文件内容到变量 fileText 中
filex.closeFile()
member("readcontents").text=fileText     --在域文本演员 readcontents 中显示
```

3）播放与调试。

打开控制面板，使用 ▶ 按钮进行播放与调试。当单击"写文件"按钮后，使用资源管理器可以在影片文件所在的文件夹内找到 demo.txt 文件。用记事本等编辑了 demo.txt 文件中的内容并保存后，单击"读文件"按钮，将会在影片中显示出 demo.txt 文件的新内容。

4）保存与发布。

在保存与发布前需要选择"Modify | Movie | Xtras（修改 | 影片 | Xtras）"菜单命令，添加 fileIO.x32 插件，以保证发布的可执行文件能正确执行用于存储和读取外部文本文件的脚本。

源文件保存为 sy3_4.dir，并发布为 sy3_4.exe。

3.3　嵌入字体

对文本演员，能否在影片的播放过程中保持正确的字体是十分重要的。由于计算机操作系统不同、操作平台不同、安装的字库不同或者地域、国别的差异，会使影片中的字体不能正确显示出来，甚至显示为乱码。一种解决方案是将文本处理成图形。但是，带来的问题是文件变大。

Director 中，提供了一种既能保证字体正常显示，又占用较小磁盘空间的处理方案，这就是嵌入字体功能，即将所有的字体信息存储在影片文件中。当影片在其他计算机上播放时，无论该计算机上是否安装了影片中使用的字体，都可以使用嵌入的字体来正确显示文本。因为采用压缩方式嵌入字体，通常仅会使文件大小增加 14～30KB。

嵌入的字体作为一种特殊的成员出现在演员表中，它只能供当前影片使用，同时支持 Windows 和 macOS 操作系统。

【例 3.5】　设计一个影片，背景为雪景，显示文本"美丽的雪景"，利用嵌入字体，使文本产生雪峰效果。

〖设计分析〗

如果用户的计算机上没有安装"汉仪雪峰体繁"字体，需要先将"汉仪雪峰体繁.ttf"文件复制到 C:\Windows\Fonts 文件夹中，如图 3.21 所示。如果 Director 已经启动，在将字体复制到 C:\Windows\Fonts 文件夹中后，必须重新启动 Director，否则，Director 无法取得新添加的字体信息。

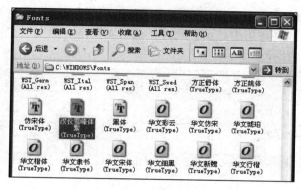

图 3.21　安装字体

〖设计步骤〗

1）舞台与演员的准备。

（1）新建一个影片，设置舞台大小为 320×240px。

（2）导入演员。右击演员表第一个窗格，打开演员导入对话框，导入图像文件"snow.jpg"。

（3）创建嵌入字体演员。选择"Insert | Media Element | Font"菜单命令，打开 Font Cast Member Properties 对话框，如图 3.22 所示。

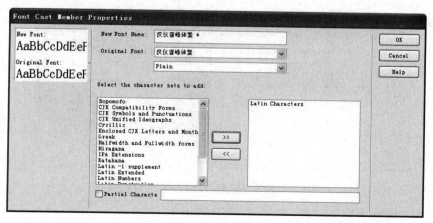

图 3.22　Font Cast Member Properties 对话框

对话框中各选项说明如下。

① New Font Name（新字体名称）：默认情况下，这里的字体与 Original Font 下拉列表中选择的字体保持一致，并在字体名称后自动添加一个"*"号。

② Original Font（原始字体）：在下拉列表中选择要嵌入的字体。只有出现在 Original Font 下拉列表中的字体，才能用于嵌入。

③ Select the character sets to add：用于设置嵌入的字符集。在左侧列表框中选择需要的字符集，单击 >> 按钮，将字符集添加到右侧列表框中。

要删除添加到右侧列表框中的字符集，需选中该字体类型，然后单击 << 按钮。

完成设置后，在演员表中创建嵌入的字体演员，如图 3.23 中（a）所示。

（4）输入文本。打开 Text 窗口，输入"美丽的雪景"，设置字体为嵌入的"汉仪雪峰体繁"字体，字号为 36，并居中显示。此时在演员表窗格 3 中生成了"美丽的雪景"文本演员，如图 3.23（b）所示。

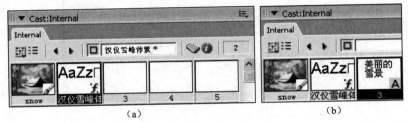

图 3.23　嵌入的字体演员和文本演员

2）使用剧本分镜窗布置场景放置演员。

（1）将图像演员 snow 拖入通道 1，生成精灵 Sprite 1，起始帧为第 1 帧，结束帧为第 30 帧。

（2）将文本演员"美丽的雪景"拖入通道 2，生成精灵 Sprite 2，起始帧为第 1 帧，结束帧为第 30 帧，并设置为背景透明。

剧本分镜窗最终编排和舞台效果如图 3.24 所示。

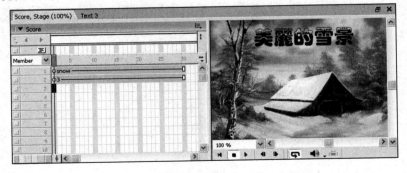

图 3.24　剧本分镜窗最终编排和舞台效果

3）播放与调试。

打开控制面板，设置播放速度，使用 ▶ 按钮进行播放与调试。

4）保存与发布。

源文件保存为 sy3_5.dir，并发布为 sy3_5.exe。

在没有安装"汉仪雪峰体繁"字体的计算机上运行文件 sy3_5.exe，文字"美丽的雪景"同样会产生雪峰效果。

读者可以做一下对比，创建一个 sy3_5.dir 的副本，在该副本中删除嵌入的字体演员，再将其发布为可执行文件。然后在没有安装"汉仪雪峰体繁"字体的计算机上运行该文件，观察运行效果。

3.4　应用实例

【例 3.6】　制作一个文字跳跃的影片。要求"多媒体技术与应用"中的各个文字都能在窗口内按一定的轨迹跳跃。

〖设计分析〗

在设计前，先用 Photoshop 制作出文字素材，将"多媒体技术与应用"中的每个文字都单独保存为一个.jpg 文件，文字的样式与效果可以任意定义。

〖设计步骤〗

1）舞台与演员的准备。

（1）新建一个影片，设置舞台大小为 640×400px。

（2）导入演员。通过演员导入对话框将制作好的 8 个文字的图像文件导入演员表作为图像演员。

2）使用剧本分镜窗布置场景放置演员。

（1）把 8 个图像演员拖放到舞台上生成 8 个精灵，布置好位置，如图 3.25 所示。

图 3.25　导入演员并放置在舞台上

（2）在剧本分镜窗中，直接用鼠标拖动 8 个精灵的结束帧到第 70 帧，并且将 8 个精灵的起始帧依次设置为第 1、3、5、7、9、11、13 和 15 帧。

（3）设计文字"多"的动作。右击通道 1 的第 32 帧，在快捷菜单中选择"Insert Keyframe"命令，插入关键帧。选中该关键帧，在舞台上拖动该精灵到舞台底部。在通道 1 的第 54 帧插入关键帧，选中该关键帧，在舞台上拖动该精灵到舞台中央。完成对文字"多"的动作设计。

用同样的方法分别处理其他文字的动作。剧本分镜窗的最终编排如图 3.26 所示。

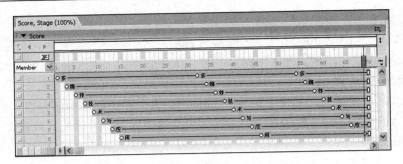

图 3.26　剧本分镜窗的最终编排

3）播放与调试。

打开控制面板，设置播放速度，使用 ▶ 按钮进行播放与调试。

4）保存与发布。

源文件保存为 sy3_6.dir，并发布为 sy3_6.exe。

【例 3.7】　实现简单的英文单词复读功能，当用户单击图 3.27 中的某个动物时，软件自动读出该动物的名称。

图 3.27　各种动物

〖设计分析〗

Director 自带的 Text-to-Speech 引擎可发出指定英文字符串的语音。其语法格式如下：

　　voiceSpeak(string)

其中，string 为使用 Text-to-Speech 引擎发出语音的英文字符串，通常由文本演员提供。

在每个动物画面上添加背景透明的文本演员，文本内容为该动物名称的英文单词，在 mouseUp 或 mouseDown 事件过程内添加 voiceSpeak 命令即可实现所需要的功能。

〖设计步骤〗

1）舞台与演员的准备。

（1）新建一个影片，设置舞台大小为 500×450px。

（2）导入演员。导入图像文件 backgroud.jpg 作为背景演员。

（3）创建文本演员。使用工具面板中的文本工具 A，在舞台上创建 7 个文本演员，文本演员的内容依次为 elephant、hippo、giraffe、monkey、snake、parrot 和 blue sky and white clouds。

2）使用剧本分镜窗布置场景放置演员。

（1）参考图 3.28 所示的剧本分镜窗、舞台、演员表进行场景布置。

（2）先设置帧的跨度为 20 帧（可以自定）。从演员表拖放演员 background 到通道 1 中生成精灵 Sprite 1。

将 7 个文本演员拖放到舞台（通道 2～8）上，调整对应精灵的位置及大小，使其能覆盖在对应的动物的上方，并设置为背景透明。

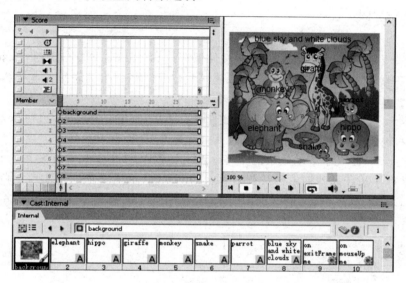

图 3.28　剧本分镜窗、舞台、演员表

（3）暂停控制。双击脚本通道上的第 20 帧，打开脚本编辑窗口，在 exitFrame 事件过程内输入脚本 go to the frame，产生脚本演员 9。当影片播放时后，播放头暂停在第 20 帧处，等待用户的交互操作。

（4）使用 Text-to-Speech 引擎。对有互动行为的精灵可通过通道编号来引用它，例如，sprite(2)表示精灵 Sprite 2（通道编号为 2），它所设置的文本内容由 sprite(2).member.text 传递。

使用精灵属性 spriteNum 可获得它的编号。关键字 me 是一个特殊变量，用于在互动行为中引用当前的对象。当单击舞台上某文本精灵时，sprite(me.spriteNum)就引用了该精灵。

建立脚本演员 10：右击舞台上的第一个文本精灵，在快捷菜单中选择 Script 命令，打开脚本编辑窗口，在 mouseUp 事件过程内输入以下脚本：

```
voiceSpeak(sprite(me.spriteNum).member.text)
```

即可将该文本精灵所含的字符串提供给 voiceSpeak 命令，读出语音。

然后，重复使用脚本演员 10，分别拖放脚本演员 10 到其他文本精灵上。

3）播放与调试。

使用 ▶ 按钮进行播放与调试。当用户单击某个动物时，只要计算机系统带有扬声器等设备，就能读出该动物的名称。

4）保存与发布。

在保存与发布前需要选择"Modify | Movie | Xtras"菜单命令，添加 Speech.x32 扩展插件，以保证发布的可执行文件能自动连接用户计算机上的文本-语音转换系统软件。

源文件保存为 sy3_7.dir，并发布为 sy3_7.exe。

3.5 上机实践

1．制作带彩色阴影效果的文本，源文件保存为 t3_1.dir，并发布为 t3_1.exe。

提示：将两个内容相同的文本精灵位置稍稍错开，将位于下方的文本精灵设置成某种色彩，对位于上方的文本精灵设置其 Ink 类型。

2．制作一个打字机效果的字幕，源文件保存为 t3_2.dir，并发布为 t3_2.exe。

提示：本例使用文本行为的打字机效果，如图 3.29 所示。

3．制作一个 3D 文字滚动效果的字幕，源文件保存为 t3_3.dir，并发布为 t3_3.exe。

4．使用 t3-4 文件夹内的素材，利用 Machinegun.ttf 嵌入字体，设计一个影片封面，在汽车的图片上显示文字，使文字产生如图 3.30 所示的效果，源文件保存为 t3_4.dir，并发布为 t3_4.exe。

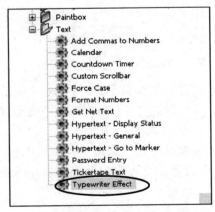

图 3.29　文本行为的打字机效果　　　　图 3.30　文字效果

5．使用 t3-5 文件夹内的素材，设计一个儿童识字动画。影片中有 6 种动物的图片和 6 个标有动物名称的文本框，用鼠标拖动文本框到对应动物的图片。源文件保存为 t3_5.dir，并发布为 t3_5.exe。

提示：在属性检查器中设置文本精灵的可拖动属性。

6．利用文本和域文本制作一个用户注册窗口，如图 3.31 所示，源文件保存为 t3_6.dir，并发布为 t3_6.exe。

7．使用 t3-7 文件夹内的素材，设计一个影片，具备两个功能：单击"打开文件"按钮，读入英文文本文件 read.txt，在域文本中显示文件内容；单击"读文件"按钮，由计算机朗读该英文文本内容。源文件保存为 t3_7.dir，并发布为 t3_7.exe。

8．使用 t3-8 文件夹内的素材，参考例 3.7，当用户单击图中的某个动物时，软件自动读出该动物名称的中文语音。源文件保存为 t3_8.dir，并发布为 t3_8.exe。

提示：播放前需要检查计算机中是否安装了中文文字语音转换程序。若没有安装，可双击素材文件夹内的 MicrosoftTTS51.msi 文件，安装简易中文 TTS 程序，并将其设置为默认语音，如图 3.32 所示。

图 3.31　用户注册窗口

图 3.32　设置语音属性

第 4 章

图形与图像处理

在一个完整的多媒体作品中，色彩丰富的图形与图像是吸引人们目光的重要因素。Director 支持两种基本的图形，Paint 窗口用于绘制位图，而 Vector Shape 窗口用于绘制矢量图形。

本章将分别介绍这两个窗口的操作方法，为今后的实际运用做好准备。

本章要点：

◇ 熟悉 Director 提供的图形与图像处理功能。

◇ 掌握图形编辑器的基本操作。

◇ 掌握矢量图形的基本操作。

4.1 图形与图像的概念

1. 图形与图像

在计算机科学中，图形和图像这两个概念是有区别的：图形一般是指用计算机绘制的画面，如直线、矩形、圆、圆弧、任意曲线和图表等；图像则是指由输入设备（如摄像头、扫描仪、光笔等）捕捉的实际场景画面或以数字化形式存储的任意画面。

图形不是客观存在的，是根据客观事物以主观形成的；图像则是对客观事物的真实描述。

在图形文件中只记录生成图形的算法和图形上的某些特点，如描述构成该图形的各种图元的位置、维数、形状等。在计算机还原图形时，需要使用专门软件将描述图形的指令转换成屏幕上显示的形状和颜色。由于每次屏幕显示时都需要重新计算，故图形显示速度没有图像快。它的优点就是占用存储空间较小，容易进行移动、压缩、旋转和扭曲等变换，描述的对象可任意缩放不会失真。其适用于描述轮廓不是很复杂、色彩不是很丰富的对象，如几何图形、工程图纸、CAD 图、3D 造型等。

图像是由一些排列的像素组成的，每个像素都有一个颜色值。图像文件中存储的是像素的位置、颜色以及灰度等信息。在计算机中，图像的存储格式有 BMP、PCX、TIF、GIF 等，一般数据量比较大。图像放大时会失真，可以进行对比度增强、边缘检测等处理。它除了可以表现真实的照片，也可以表现复杂绘画的某些细节，并具有灵活和富有创造力等特点。

图形与图像示例如图 4.1 所示，图 4.1（a）为图形，图 4.1（b）为图像。

（a）图形　　　　　　　（b）图像

图 4.1　图形与图像

2. Director 所用的图形类型

Director 所使用的图形类型为矢量图形和位图。矢量图形就是本节前面所描述的图形，是对由轮廓和填充方法组成的几何形体的一种数学描述，其包含能够用数学表示的线条密度、填充色，以及线条的其他特征。位图就是本节前面所描述的图像。

除了可以通过第三方图像处理软件制作图形与图像素材，Director 还提供了一些非常有用的工具，用于创建和编辑矢量图形与位图演员。

Director 内置的 Vector Shape（矢量图形）窗口用于创建和处理矢量图形。矢量图形可以是一条直线、一条曲线，也可以是开放或闭合的不规则图形，能够用纯色或者渐变色填充。

Paint（绘图）窗口是 Director 经典的位图编辑窗口，使用其中的绘图工具可创建简单的位图对象，包括矩形、圆形、多边形以及线条，还可以添加文本。在 Paint 窗口中创建的文本将被转化为位图对象。当文本处于输入状态时，允许进行编辑，一旦输入结束，就不能再以文本的方式对它们进行修改了，此时只能按位图对象对其进行修改。

4.2　Paint 窗口

在多媒体作品中，图形与图像是非常重要的传递信息的手段。要想制作出美轮美奂的多媒体作品，画面效果是非常重要的。

4.2.1　Paint 窗口简介

选择"Window | Paint（窗口 | 绘图）"菜单命令，或单击常用工具栏中的 Paint Window 按钮，打开 Paint 窗口，如图 4.2 所示。

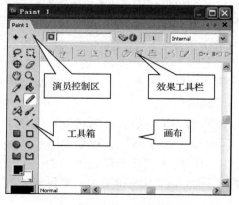

图 4.2　Paint 窗口

Paint 窗口分为 4 部分：演员控制区、效果工具栏、工具箱、画布（工作区）。

1. 演员控制区

演员控制区用于对图形演员进行操作。

2. 效果（Effect）工具栏

效果（Effect）工具栏包括变形工具和颜色效果工具，见表 4.1。

表 4.1　变形工具和颜色效果工具

变 形 工 具		颜色效果工具	
工具	功能	工具	功能
	水平翻转		颜色反转
	上下翻转		亮化
	向左旋转 90 度		暗化
	向右旋转 90 度		填充
	自由旋转		颜色切换
	倾斜		
	扭曲		
	透视		

在使用变形工具前，必须在 Paint 窗口中使用选择工具选中需要施加变形的对象，可以是整个图像或者其中的某一部分。

3. 工具箱

Paint 窗口中提供的工具箱包括选择与绘图等工具，如图 4.3 所示，其类似于 Photoshop 和 Windows 画图程序等提供的工具。

（1）设置注册点

注册点（Registration Point）是精灵自身坐标系的中心点位置。在默认的情况下，注册点位于精灵的中心，使用注册点工具⊕，可以改变注册点的位置。

单击注册点工具⊕，在精灵中将会出现两条虚线（水平和垂直），这两条虚线的交点即为注册点，此时，拖动注册点可改变注册点的位置。

（2）区域选取

可以使用选择工具进行区域选取。选择工具有两个：套索（Lasso）工具用于创建不规则选区；矩形选区（Marquee）工具是套索工具的简化形式，专门用于创建矩形选区。

选择工具的操作方法和操作结果见表 4.2。

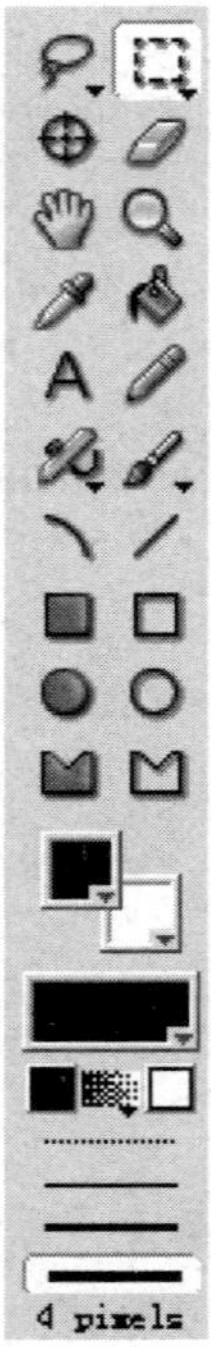

图 4.3　工具箱

表 4.2　选择工具的操作方法和操作结果

工　具	操　作　方　法	操　作　结　果
⌇	套索工具，按住左键拖动，在位图周围绘制一个不规则的封闭线框	选区内被选定的对象将快速闪烁
⌗	矩形选区工具，按住左键拖动，在位图上绘制一个矩形线框	用虚线框显示选区

工具按钮右下角的小三角表示该工具提供了不同的工作方式，选择工具工作方式说明见表 4.3。

表 4.3　选择工具工作方式说明

工　作　方　式	说　明
Shrink	缩减选区，收缩到图形边界，选区中的所有白色像素均被看作不透明的白色
No Shrink	不收缩，选区中的所有白色像素均被看作不透明的白色
Lasso	只选择与拖动处开始的像素颜色不同的区域，忽略周围所有与其颜色相同的区域
See Thru Lasso	反色选取，所有与拖动开始处的像素颜色相同的区域都将被处理为透明颜色

使用 Shrink 工作方式与 No Shrink 工作方式所产生的选区分别如图 4.4 和图 4.5 所示。

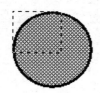 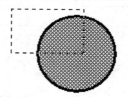

图 4.4　Shrink 工作方式　　　　图 4.5　No Shrink 工作方式

可以对选区进行拖动、删除、复制和剪切等操作，也可以对选区内的对象使用各种特殊效果。

（3）输入文本

工具箱中的 Text（文本）工具 **A** 用于在 Paint 窗口中输入位图文本，可对文本的字体、字号、效果等进行设置。双击文本工具，将会打开如图 4.6 所示的 Font 对话框。

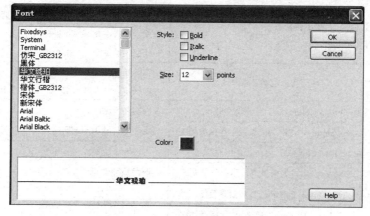

图 4.6　Font 对话框

左侧为字体列表框，用于选择文本的字体；Style 栏用于选择文本的样式；Size 下拉列表用于选择字号；Color 颜色框用于设置文本的前景色。

选择文本工具之后，在 Paint 窗口中单击，一个带灰色边框的输入框将显示在画布上，随着文本的输入，输入框的长度将不断延长。当光标离开输入框后，所输入的文本就会转换成位图。

（4）颜色处理

颜色处理工具的功能和操作方法见表 4.4。

表 4.4　颜色处理工具

工　具	功　　能	操　作　方　法
	吸管（Eyedropper），吸取图像上任意位置的颜色，用于设置前景色与背景色	吸取前景色：单击所需的颜色 吸取背景色：Shift 键+单击 吸取渐变色的目的色：Alt 键+单击
	颜料桶（Paint Bucket），用前景色填充指定区域	单击要填充颜色的区域
	前景色与背景色	在弹出的调色板中选择颜色
	图案（Pattern）填充	在弹出的图案填充面板中选择图案
	渐变色（Gradient Color）	在弹出的调色板中选择颜色

（5）图形绘制

绘图工具的功能和操作方法见表 4.5。

表 4.5　绘图工具

工　具	功　　能	操　作　方　法
	铅笔（Pencil），用前景色绘制 1 像素宽的细线	在画布上拖动。 水平线：Shift 键+水平方向拖动。 垂直线：Shift 键+垂直方向拖动
	喷枪（Air Brush），将前景色喷射在画布上	在画布上拖动或单击
	画刷（Brush），使用前景色绘制图形	在画布上拖动或单击
	弧线（Arc），绘制各种弧线。 弧线的粗细由线型工具设置	单击画布，确定弧线的起点，然后拖动出弧线的大致走向，最后在弧线终点处释放左键。 绘制 1/4 圆弧线：Shift 键+拖动
	直线（Line），在画布上绘制任意直线	在画布上拖动。 绘制水平、垂直或 45°的直线：Shift 键+不同方向拖动
	实矩形（Filled Rectangle），用前景色填充	在画布上拖动。
	矩形（Rectangle），边框为前景色，用白色填充	正方形：Shift 键+拖动
	实椭圆（Filled Ellipse），用前景色填充	在画布上拖动。
	椭圆（Ellipse），边框为前景色，用白色填充	圆形：Shift 键+拖动
	实心多边形（Filled Polygon），用前景色填充	在画布上拖动
	多边形（Polygon），边框为前景色，用白色填充	

（6）其他工具

其他工具的功能和操作方法见表 4.6。

表 4.6　其他工具

工　具	功　能	操 作 方 法
🧽	橡皮（Eraser），擦除画布上的位图	在位图上拖动，经过的区域被清除为白色。双击橡皮工具，清除画布上的全部位图
✋	手形（Hand），移动画布上位图的位置	在位图上拖动
🔍	放大镜（Magnifying Glass），改变位图在画布上的显示比例	单击位图，变为 ⊕，放大位图；Shift+单击，变为 ⊖，缩小位图
32 bits	色深（Color Depth），对位图的尺寸、色深和应用的调色板进行设置	双击，打开 Transform Bitmap（位图转换）对话框，进行设置
4 pixels	线宽设定（Other Line Width）	双击，打开 Paint Window Preferences 对话框，进行设置

4.2.2　Paint 窗口应用

【例 4.1】　制作一个影片，效果要求：舞台上的演员扭曲变形。

〖设计分析〗

要形成演员扭曲变形的动画，需要一系列变形过渡演员，可先用扭曲工具 🔲 产生扭曲后的最终画面，然后用"Xtras | Auto Distort"菜单命令，自动产生变形过渡演员。

〖设计步骤〗

（1）新建一个影片，设置舞台大小为 240×400px。

（2）导入演员。将素材包中的 tu4-1.jpg 导入演员表。

（3）创建变形过渡演员。打开 Paint 窗口编辑演员 tu4-1，如图 4.7 所示；设置矩形选区工具 🔲 的工作方式为 No Shrink；用矩形选区工具 🔲 选取整个图像，单击扭曲工具 🔲 ，此时选区四角出现圆形的句柄，拖动圆形句柄可以改变其形状，如图 4.8 所示。

图 4.7　演员 tu4-1 原始状态　　　　图 4.8　拖动圆形句柄改变形状

选择"Xtras | Auto Distort"菜单命令，弹出 Auto Distort 对话框，如图 4.9 所示，在 Generate 框中输入变形过渡演员的数量，演员表中将会自动生成一系列变形过渡演员。

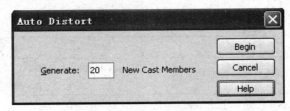

图 4.9　输入变形过渡演员的数量

（4）放置演员。用 Ctrl+A 组合键选择所有演员（也可以使用"Edit | Select All"菜单命令），按住 Alt 键将所选择的演员全部拖放到舞台上。这样，所以演员会被放置在一个通道上，产生一个组合精灵。

注意：在将所选择的多个演员拖放到舞台上时，如果没有同时按住 Alt 键，这些演员将被分别放置到不同的通道上。

（5）打开控制面板，设置播放速度，使用 ▶ 按钮进行播放与调试。

（6）源文件保存为 sy4_1.dir，并发布为 sy4_1.exe。

4.3　Vector Shape 窗口

Paint 窗口主要用于绘制位图（图像），而 Vector Shape 窗口主要用于绘制矢量图形。如前所述，这两种绘制技术的一个重要区别在于：绘制位图是以像素为基本单位的，而绘制矢量图形则通过对一个个节点的控制及对节点之间连线的调节来完成。

4.3.1　Vector Shape 窗口简介

选择"Window | Vector Shape"菜单命令，或单击常用工具栏中的 Vector Shape Window 按钮 ♫，打开 Vector Shape 窗口，如图 4.10 所示。

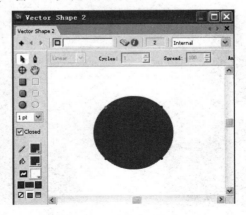

图 4.10　Vector Shape 窗口

在 Vector Shape 窗口的工具箱中有一些工具和 Paint 窗口是相同的，这里只对 Vector Shape 窗口特有的工具进行介绍，见表 4.7。

表 4.7　Vector Shape 窗口特有的工具

工　具	说　明
箭头	箭头（Arrow），用于选择和移动矢量图形上的节点
钢笔	钢笔（Pen），用于创建不规则的矢量图形
1 pt	线宽指示器（Stroke Width），用于设置矢量图形周围的边框宽度
非填充	非填充（No Fill），选中该工具，所绘制出的矢量图形将处于非填充状态
实心	实心（Solid），选中该工具，所绘制出的矢量图形将处于填充状态
渐变	渐变（Gradient），选中该工具，所绘制出的矢量图形将处于渐变填充状态

在 Vector Shape 窗口中所创建的矢量图形可以包含多条曲线，能分离和连接这些曲线。

4.3.2　Vector Shape 窗口应用

【例 4.2】　制作一个简单电子相册，效果要求：首先出现一个矩形的相册封面，封面上有一个心形，自上向下移动，然后在镜框内逐张显示照片。

〖设计分析〗

将相册封面和照片放在不同的帧中，就可使它们按时间先后出现在舞台上。心形演员自上向下移动需要 2 个关键帧，前一个关键帧对应的精灵位于舞台上方，后一个关键帧对应的精灵位于舞台下方。

要使照片显示在镜框内，镜框必须放在最上层，并设置为背景透明，使得镜框下的照片可见。

〖设计步骤〗

（1）新建一个影片，设置舞台大小为 320×240px。

（2）导入演员。将事先准备好的 5 张图片（4 张照片和 1 张镜框图片）素材导入演员表，分别存放在演员表窗格 1～5 中。

（3）绘制相册封面演员，包括心形演员和矩形框演员。

① 绘制心形演员。单击常用工具栏中的 按钮，打开 Vector Shape 窗口。选择椭圆工具，在画布上画一个圆，圆周曲线上出现了 4 个节点，第一个节点为绿色，最后一个节点为红色，其他节点为蓝色，未选中的节点显示为实心点，当前选择的节点显示为空心点。

选择钢笔工具，在圆弧上单击，可插入一个节点（按 Del 键可删除该节点）。选择箭头工具，拖动此节点到合适的位置，画出心形的上半部分，如图 4.11 所示。

选择下方的一个节点，拖动节点切线的控制点到合适的位置，画出心形的下半部分，如图 4.12（a）所示。用 工具和 工具设置心形轮廓颜色和填充颜色为红色，选中实心工具 填充颜色，如图 4.12（b）所示。

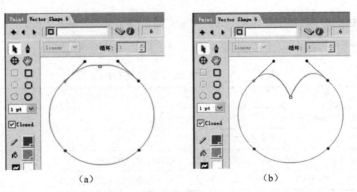

（a）   （b）

图 4.11 画出心形的上半部分

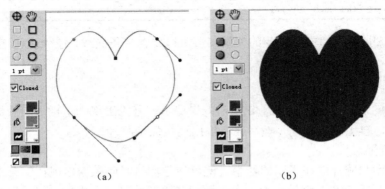

（a）   （b）

图 4.12 改变控制点画出心形

注意：使用钢笔工具选择节点，将会出现一条切线，拖动控制点可以调节该处曲线的曲率，其原则是：向曲线的隆起方向拖动第一个节点上的方向点，并向相反的方向拖动第二个节点上的方向点，将绘制出 C 形曲线；如果同时向一个方向拖动两个节点上的方向点，将绘制出 S 形曲线，如图 4.13 所示。

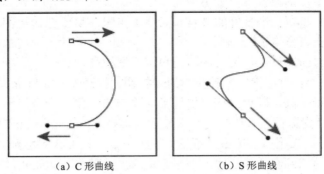

（a）C 形曲线   （b）S 形曲线

图 4.13 使用钢笔工具绘制曲线

② 绘制矩形框演员。选择实矩形工具 ■，在空白处画一个矩形；分别单击渐变色工具 □▨■ 左、右两侧的方框，在弹出的调色板中选择颜色，设置渐变色；选中渐变工具 □ 在矩形内填充渐变色，如图 4.14 所示。窗口上方的参数选项用于设置渐变效果，渐变类型有

Linear（线性）与 Radial（辐射）两种，图 4.14 中所示为线性渐变效果。Cycles（循环）用于设置渐变重复出现的次数，也可设置渐变展开的范围（Spread）和角度（Angle）等。

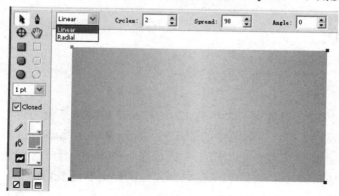

图 4.14　线性渐变效果的矩形

所绘制的心形演员和矩形框演员分别存放在演员表的窗格 6 与窗格 7 中。

（4）选择"Edit | Preferences | Sprite"菜单命令，打开精灵属性对话框，设置精灵跨度为 10 帧。将矩形框演员和心形演员分别拖入通道 1 和通道 2，起始帧从第 1 帧开始，结束帧为第 10 帧。

（5）将 4 张照片拖入通道 3，起始帧分别为第 11、21、31、41 帧，跨度都是 10 帧。

（6）将镜框演员拖入通道 4，起始帧为第 11 帧，跨度为 40 帧。选择舞台上的镜框精灵，设置 Ink 类型为 Background Transparent（背景透明），使得镜框下的照片可见。

（7）设置心形精灵的动作。选中通道 2 的第 1 帧，将心形精灵拖放至舞台最上方；右击通道 2 的第 10 帧（心形精灵的最后一帧），插入关键帧，将心形精灵拖放至舞台最下方，形成自上而下的运动。

剧本分镜窗的最终编排与演员表如图 4.15 所示。

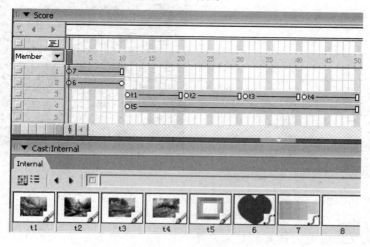

图 4.15　剧本分镜窗的最终编排与演员表

（8）打开控制面板，设置播放速度，使用 ▶ 按钮进行播放与调试。

（9）源文件保存为 sy4_2.dir，并发布为 sy4_2.exe。

4.4 应用实例

【**例 4.3**】 制作一个星光灿烂的动画。

〖设计步骤〗

（1）新建一个影片，设置舞台大小为 320×240px，舞台背景色为蓝色。

（2）绘制星星演员。单击工具箱中的 ✒ 按钮，打开 Vector Shape 窗口。使用矩形工具 ▢ 绘制一个矩形，使用钢笔工具 ✐ 在矩形的 4 条边线上各添加一个节点；选择箭头工具 ▶ 移动节点，形成一个星星形状，并添加从白色到蓝色的辐射状渐变色，过程如图 4.16 所示。

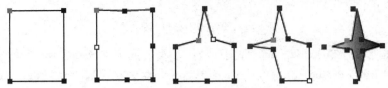

图 4.16 绘制星星

将星星边线的宽度设置为 6pt，颜色为浅蓝色，如图 4.17 所示。

（3）将星星演员拖放到舞台上，生成精灵 Sprite 1，设置为背景透明，将前景色改为绿色。

（4）再次将星星演员拖放到舞台上，生成精灵 Sprite 2，调整大小，设置为背景透明，前景色改为粉色。

（5）使用相同的方法创建精灵 Sprite 3～Sprite 5，调整大小，并设置不同的前景色，最终效果如图 4.18 所示。

图 4.17 设置边线的宽度和颜色

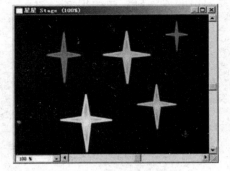

图 4.18 星光灿烂效果

（6）打开控制面板，设置播放速度，使用 ▶ 按钮进行播放与调试。

（7）源文件保存为 sy4_3.dir，并发布为 sy4_3.exe

注意：如果改变通道上精灵的起点、终点位置，可使星星在不同的时间点出现，产生闪烁效果。读者也可以思考其他产生闪烁效果的方法。

【例 4.4】　使用 Photoshop 中的 Alpha 通道，过滤图像背景区域，效果如图 4.19 所示。

图 4.19　Alpha 通道的作用

〖设计分析〗

在 Director 中通过设置 Ink 类型可以去除图像背景。

Matte：只能去掉图像周围的纯色背景，这是最简易的一种方法。

Background Transparent：使背景色（包括图像内部的）变为透明。

Matte 和 Background Transparent 对图像杂色背景的处理效果较差，如图 4.20（a）和（b）所示。

（a）原图　　　　　　　（b）处理后

图 4.20　去除图像杂色背景

因此，需要使用第三方软件进行处理，例如使用 Photoshop，通过创建 Alpha 通道，过滤图像背景区域。

〖设计步骤〗

（1）在 Photoshop 中打开需要处理的图像文件，本例为图 4.20（a）所示的原图。利用魔棒工具选中图像中的白色部分，然后用反选功能选中手部分。

（2）执行"选择 | 修改 | 收缩"菜单命令，打开"收缩选区"对话框，如图 4.21 所示。确定收缩量，用于去除图像周围的白边。

图 4.21　"收缩选区"对话框

（3）切换到通道面板，单击面板底部的"将选区存储转为通道"按钮，创建一个 Alpha 通道，如图 4.22 所示。

（4）保存图像。必须将图像保存为带有 Alpha 通道信息的图像格式文件，如图 4.23 所示，否则所保存的文件将会丢失 Alpha 通道信息（Photoshop 中会有提示信息）。

（5）将修改后的图像文件作为演员导入 Director，在属性设置对话框中要选择 Color Depth 栏中的 Image(32bits)选项，将图像的色深设为 32 位。

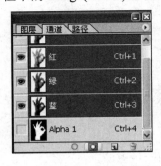

图 4.22　创建 Alpha 通道

图 4.23　带有 Alpha 通道信息的图像格式文件

（6）将手演员拖放到舞台上生成精灵，不需要设定任何 Ink 类型，此时舞台上将呈现如图 4.19 所示的效果。

【例 4.5】　用矢量图形工具绘制一个叶片，制作电风扇旋转动画。

〖设计步骤〗

（1）新建一个影片，设置舞台大小为 320×240px。

（2）导入演员。将电风扇的网罩和底座图像素材导入演员表。

（3）绘制叶片演员。打开 Vector Shape 窗口，用椭圆工具 ◯ 绘制一个圆；选中其右下角的节点，按 Del 键删除该节点；移动左下角的红色节点，形成一个叶片，并添加 Linear（线性）渐变效果，如图 4.24 所示。

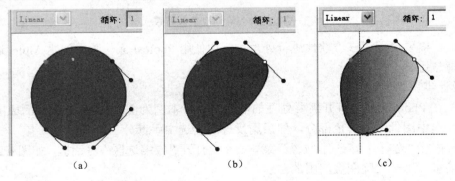

(a)　　　　　　　　(b)　　　　　　　　(c)

图 4.24　绘制叶片

（4）设置叶片旋转中心。选择注册点工具 ⊕，单击叶片底部确定旋转中心。

（5）将叶片演员拖放到舞台上，形成精灵 Sprite 1。在第 20 帧处插入一个关键帧，选择属性检查器的 Sprite 选项卡，在 Rotation（旋转）框中输入 360，将其旋转角度设为 360°，如图 4.25 所示。

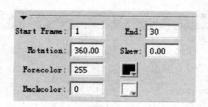

图 4.25　设置旋转

（6）再次将叶片拖放到舞台上生成精灵 Sprite 2，位置与精灵 Sprite 1 重合。设置精灵 Sprite 2 的 Ink 类型为 Background Transparent，即背景透明，旋转角度为 120°。在通道 2 的第 20 帧处插入一个关键帧，将其旋转角度改为 480°。

用同样方法生成精灵 Sprite 3，并进行 Ink 类型和旋转角度的设置，三个叶片的位置如图 4.26 所示。

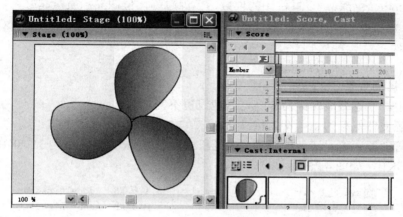

图 4.26　三个叶片的位置

（7）添加电风扇的网罩和底座到舞台上。

（8）打开控制面板，设置播放速度，使用 ▶ 按钮进行播放与调试。

（9）源文件保存为 sy4_5.dir，并发布为 sy4_5.exe。

【例 4.6】　使用 Director 内置的功能压缩 BMP 文件。

〖设计分析〗

要减小影片中图像数据的大小，通常可以采用以下三种处理方法：使用矢量图形；如果可以，降低图像元素的显示精度，用 8 位或 16 位色深；用 Director 内置的功能压缩 BMP 演员。

〖设计步骤〗

（1）新建一个影片，设置舞台大小为 480×360px。

（2）导入演员。将 BMP 文件导入演员表。

（3）源文件保存为 sy4_6_1.dir。

（4）压缩 BMP 演员。选中要压缩的 BMP 演员，选择"Modify | Transform Bitmap"菜单命令，打开 Transform Bitmap 对话框，如图 4.27 所示。

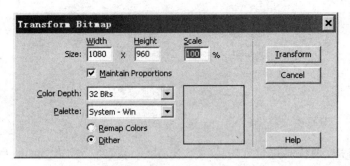

图 4.27　Transform Bitmap 对话框

Size（大小）：设置位图的宽度（Width）、高度（Height）及缩放比例（Scale）。

Maintain Proportions（维持比例）：维持原来的宽度和高度比例进行缩放。

Color Depth（色深）：设置位图的位数，色深越高，位图显示质量越好。

Palette（调色板）：可以选择 Windows 系统使用的模式 System-Win 或 macOS 使用的模式 System-Mac。

Remap Colors：重新分配颜色。

Dither：抖动效果。

在本例中，设置缩放比例为 50%，其他设置不变。

（5）将源文件保存为 sy4_6_2.dir。

在资源管理器中可以清楚地看到，未经压缩处理的.dir 文件大小为 3178KB，经压缩处理后只有 815KB，如图 4.28 所示。

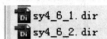

| Di sy4_6_1.dir | 3,178 KB | Adobe Director |
| Di sy4_6_2.dir | 815 KB | Adobe Director |

图 4.28　压缩处理前后的对比

【例 4.7】　使用 Director 内置的功能，输出动画为 BMP 文件。

〖设计分析〗

利用 Director 可以将 GIF 动画或 AVI 文件转换成一系列的 BMP 文件，然后可以对 BMP 文件进行编辑，再重新导入 Director。

〖设计步骤〗

（1）新建一个影片。

（2）导入 GIF 演员。将 GIF 动画素材导入演员表。

（3）设置 GIF 演员。双击演员表中的 GIF 演员，弹出 Animated GIF Asset Properties 对话框，如图 4.29 所示。

可以看出，该 GIF 动画由 8 帧组成。在 Rate 下拉列表中选择 Lock-Step，使 GIF 动画与影片播放速度同步。将 GIF 演员放置到通道 1 的第 1～8 帧。

（4）输出 BMP 文件。选择 "File | Export" 菜单命令，弹出 Export 对话框，如图 4.30 所示。

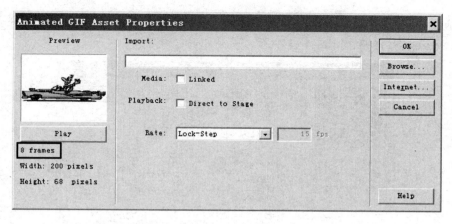

图 4.29　Animated GIF Asset Properties 对话框

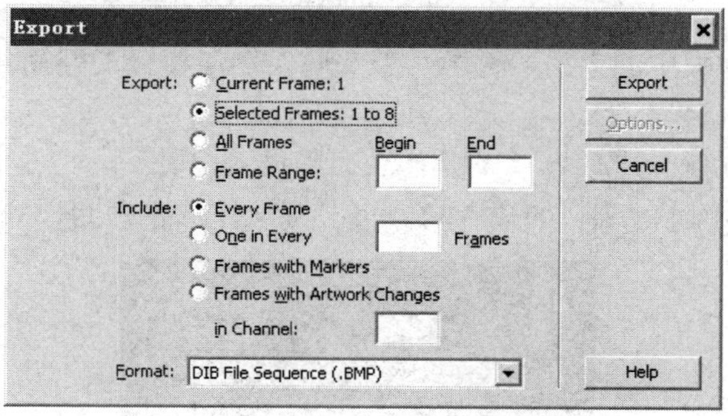

图 4.30　Export 对话框

Export 栏：选择要输出的帧。

Current Frame，输出当前帧；Selected Frames，输出选中的帧；All Frames，输出全部帧；Frame Range，输出指定范围的帧。

Include 栏：在 Export 栏中如果未选择输出当前帧，可进行如下设置。

● Every Frame，输出指定范围的所有帧。

● One in Every，在其后的框中指定帧数 n，每 n 帧输出 1 帧。

● Frames with Markers，仅输出在剧本分镜窗中设置了帧标记的帧。

● Frames with Artwork Changes，输出指定通道中发生改变的帧。

Format 下拉列表：选择输出文件的格式，可以选择 BMP 或 AVI 格式。

在设置完成后，单击 Export 按钮，输入要保存的文件名，即可将 GIF 动画转换成一系列的 BMP 文件。

4.5　上机实践

1．在 Paint 窗口中，选择实矩形工具 ，在画布上画一个矩形，使用 Paint 窗口中提供的工具创建彩色条带，源文件保存为 t4_1.dir，并发布为 t4_1.exe。

提示：在 Paint 窗口中，单击渐变色工具，从下拉列表中选择 Gradient Settings，打开 Gradient Settings 对话框，如图 4.31 所示，设置矩形过渡颜色。

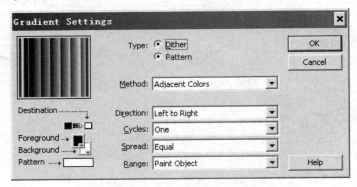

图 4.31　Gradient Settings 对话框

2．使用 t4-2 文件夹中的素材，制作一个卡通人物在舞台上翻筋斗的动画，源文件保存为 t4_2.dir，并发布为 t4_2.exe。

提示：使用 Paint 窗口中的扭曲工具产生变形过渡演员。

3．制作一个心形闪烁动画，如图 4.32 所示，源文件保存为 t4_3.dir，并发布为 t4_3.exe。

图 4.32　心形闪烁动画

4．使用 t4-4 文件夹中的素材，用 Auto Distort 命令创建演员成员，制作一个透视效果动画，源文件保存为 t4_4.dir，并发布为 t4_4.exe。

5．绘制如图 4.33 所示的笑脸和邮箱，制作一个动画，交替显示笑脸和邮箱，源文件保存为 t4_5.dir，并发布为 t4_5.exe。

图 4.33　笑脸和邮箱

提示：可以将图形分解为多个独立的对象，然后组合在一起。

6. 使用 t4-6 文件夹中的素材，先在 Photoshop 中创建 Alpha 通道，过滤图像的背景区域。然后在 Director 中导入，最终效果如图 4.34 所示。源文件保存为 t4_6.dir，并发布为 t4_6.exe。

图 4.34 最终效果

第5章

动画制作技术与应用

多媒体创作工具吸引人的一个重要原因是它能制作各式各样的动画，产生神奇的效果。Director 作为多媒体创作工具中的佼佼者，提供了多种手段实现其他工具无法比拟的动画效果。

本章将介绍 Director 动画制作技术与应用，包括关键帧动画、单步录制动画、实时录制动画、从空间到时间动画和胶片环动画。

本章要点：

◇ 了解各种动画制作技术的原理。

◇ 掌握各种动画效果的制作方法。

5.1 关键帧动画

关键帧动画是在帧连帧动画基础上发展起来的一种动画制作技术。在使用关键帧动画制作技术制作动画时，制作者只需要制作出关键帧中的画面，而关键帧之间的过渡帧则由 Director 自动生成。在一个影片中，关键画面称为关键帧，其决定了精灵属性的关键值。关键帧在剧本分镜窗中显示为小圆圈。一个精灵要产生动画效果，至少需要有两个关键帧。在默认状态下，拖动演员到精灵通道上时，将会自动产生起始帧和结束帧，其中起始帧是关键帧，结束帧不是关键帧，而是静止帧，静止帧显示为矩形。静止帧只是起延时的作用，使与其相邻的前一个关键帧画面继续显示。关键帧和静止帧如图 5.1 所示。关键帧动画的构成如图 5.2 所示。

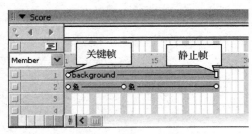

图 5.1　关键帧和静止帧

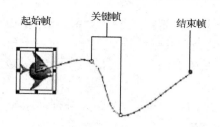

图 5.2　关键帧动画的构成

【例 5.1】　使用关键帧动画制作技术制作鸟儿飞行的动画效果。

〖设计分析〗

　　关键帧可描述的精灵属性包括位置、大小、旋转、扭曲、混合色、前景色和背景色等，在相邻的两个关键帧之间能够自动补插这些属性。当精灵运动的路径上只有两个关键帧时，将会产生直线运动，如果要形成曲线运动，则需要使用多个关键帧。

〖设计步骤〗

（1）新建一个影片，设置舞台大小为 550×366px。

（2）导入演员。将图像素材 background.jpg 和 bird.gif 导入演员表，并分别命名为"background"和"鸟儿"，如图 5.3 所示。

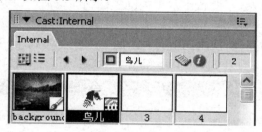

图 5.3　导入演员

（3）分别拖动 background 演员和鸟儿演员到通道 1、通道 2 中，生成精灵。调整 background 精灵到舞台的中央，将鸟儿精灵拖放到舞台的最左侧，如图 5.4 所示。

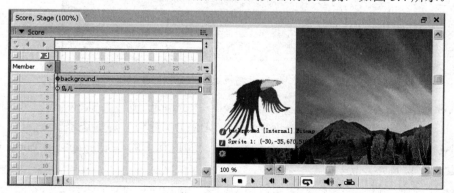

图 5.4　剧本分镜窗及舞台布置

（4）在属性检查器的 Sprite 选项卡中，将鸟儿精灵设置为背景透明。

（5）制作"鸟儿"飞行效果。选中通道 2 中鸟儿精灵的最后一帧，即第 30 帧，插入一个关键帧，然后将第 30 帧处鸟儿精灵拖放到舞台的右上角，在舞台上形成精灵的线性运动路径，如图 5.5 所示，图中的绿色十字形符号是鼠标光标。适当缩小第 30 帧处鸟儿精灵的大小。

要使精灵的运动路径变成曲线，按下 Alt 键，并拖动路径上的节点，如图 5.6 所示。

图 5.5　拖动精灵到舞台右上角　　　　图 5.6　使精灵的运动路径变成曲线

（6）设置运动过渡效果。要使由两个关键帧控制的精灵运动更自然，可以设置运动过渡效果。

选中通道 2 上鸟儿精灵所使用的所有帧，然后选择"Modify｜Sprite｜Tweening（修改｜精灵｜过渡）"菜单命令，打开 Sprite Tweening（精灵过渡）对话框，本例设置如图 5.7 所示。

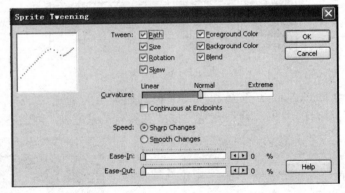

图 5.7　精灵过渡对话框

Tween（过渡）：包含 Path（路径）、Size（大小）、Rotation（旋转）、Skew（倾斜）、Foreground Color（前景色）、Background Color（背景色）、Blend（混合）等复选框。

Curvature（曲率）：用于调节路径的弯曲度。勾选其下的 Continuous at Endpoints 复选框可创建一个圆周运动路径。

Speed：控制在每个关键帧之间如何移动精灵。Sharp Changes，在关键帧之间移动精灵，而不调节其播放速度；Smooth Changes，在关键帧之间移动精灵时逐渐地调节其播放速度，使移动更平滑。

Ease-In 和 Ease-Out：控制精灵如何从起始帧移动到结束帧。无论中间有多少个关键帧，Ease-In 会使精灵在起始帧处更慢地移动，而 Ease-Out 会使精灵在结束帧处慢下来。这个设置可使精灵更像是在真实的世界里移动。

（7）打开控制面板，设置播放速度，使用▸按钮进行播放与调试。可以看到，动画中鸟儿先加速飞行，然后减速飞行。

（8）源文件保存为 sy5_1.dir，并发布为 sy5_1.exe。

5.2　单步录制动画

在 5.1 节中可以看到，关键帧动画的制作只需要编辑好前、后两个关键帧，中间的过渡帧将自动产生。但有时整个动画中的每帧都是关键帧，都需要对精灵属性设置不同的关键值，这就需要使用单步录制动画和实时录制动画制作技术了，这样可以编辑每帧画面。

单步录制动画和实时录制动画同属于录制动画技术，是 Director 中用于创建动画的常用技术，它们都由制作者决定精灵在舞台上的运动路径。单步录制动画的实质就是记录精灵每帧的属性，单步前进到下一帧，并改变精灵的位置或者其他属性，直到完成动画。这对创建一个不规则或路径不精确的动画是十分有用的。

在进行动画录制之前，首先要构思好整个动画的内容，其次是要打开正确的窗口进行操作，并灵活地运用控制面板，最后还要保证将用于制作动画的精灵在剧本分镜窗中占据一定的帧长度。选择“View | Sprite Overlay | Show Paths（查看 | 精灵标注 | 显示路径）”菜单命令，打开精灵路径覆盖图，它可以帮助用户查看精灵在各帧之间的移动情况。

下面介绍单步录制动画的流程和基本制作方法。

① 将需要录制的演员拖放到舞台上生成精灵，调整好其初始位置，并打开控制面板。

② 选择要录制动画的精灵，并在剧本分镜窗中指定动画的起始帧（不一定是第 1 帧），将播放头定位到该帧处。

③ 选择“Control | Set Recording（控制 | 单步录制）”菜单命令，此时在剧本分镜窗中可以看到，需要录制的通道左边出现一个红色标记▸，这表示所选精灵进入单步录制状态，如图 5.8 所示。确定当前帧的精灵属性和状态，如位置、大小、混合模式等。

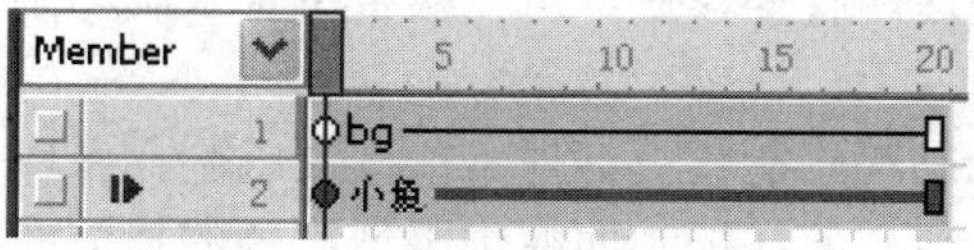

图 5.8　单步录制状态

④ 单击控制面板中的 Step Forward（单步前进）按钮▸，将播放头移动到下一帧，调整精灵的各个属性和状态，或者改变演员，以实现画面的变化。重复此操作以实现动画效果。

Director 默认的精灵跨度是 30 帧，但是如果录制不停止，帧数将自动延长，结束时只要单击控制面板中的播放按钮或再选择“Control | Set Recording”菜单命令即可。

注意：可以同时对多个精灵进行录制，只要在录制前选中所有要录制的精灵即可，如

图 5.9 所示，其他操作相同。

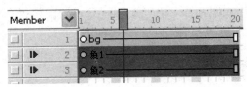

图 5.9　多个精灵同时进行录制

5.3　实时录制动画

单步录制对小型动画来说是相当方便的。但是，如果制作 200 帧的动画，用这种方法将需要很长时间，这时可以使用实时录制（RealTime Recording）动画技术。实时录制其实是实时地记录鼠标移动时所处的位置，这些位置最终构成精灵的运动路径。利用这种动画制作技术可以方便地对所有类型的精灵制作动画。

实时录制动画的准备工作与单步录制动画的准备工作一样。先在剧本分镜窗内选中需要录制动画的精灵的第 1 帧，选择"Control | Real.Time Recording（控制 | 实时录制）"菜单命令，就可进入录制状态，这时被录制的精灵在舞台上由一个红色矩形边框所包围，其所在通道左边会出现一个红色小圆点。在舞台上拖动该精灵，影片开始播放，剧本分镜窗内的播放头随之移动，精灵所在通道将会记录运动过程，产生一系列的关键帧，结果如图 5.10 所示。

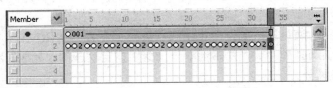

图 5.10　实时录制的动画

完成上述工作后，得到的动画与单步录制的结果相似，用户还可以对录制的动画进行逐帧的编辑和修改。熟悉这两种操作后，可以结合单步录制动画和实时录制动画更方便快捷地制作所需要的动画。

另外，为了使实时录制动画能够更好地工作，要求制作者以一个恒定的速度平滑地移动精灵。并且，在录制之前，要在控制面板中降低影片的播放节拍，使其低于实际播放时的节拍，这样就可以有充足的时间定位精灵在舞台上的位置，实现对路径的精确控制。

注意：可以同时对多个精灵进行实时录制，只要在录制前选择所有要录制的精灵。

【例 5.2】　分别利用单步录制动画和实时录制动画制作技术，制作一个小球从高处落下然后向右上方弹起的动画。

〖设计分析〗

小球从高处落下然后向右上方弹起实际上是简单的移动和变形。在进行动画录制之前，首先要构思好整个动画的运动路径。

〖设计步骤〗

（1）新建一个影片，设置舞台大小为 320×240px。

（2）绘制小球演员。打开 Paint 窗口，选择实椭圆工具●，在画布上画一个圆作为小球演员，如图 5.11 所示。

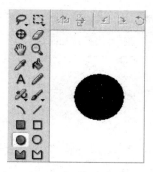

图 5.11　画一个圆

（3）单步录制动画。

① 把刚画好的小球演员拖放到舞台上部生成精灵，精灵跨度设置为 30 帧。

② 选中舞台上的小球精灵，选择"Control | Step Recording（控制 | 单步录制）"菜单命令，进入单步录制状态。

③ 单击舞台下方的单步前进按钮▶进入第 2 帧，然后拖动小球向下移动一小段距离。重复上面的操作依次更改后面的各帧，录制过程如图 5.12 所示。不断调整小球的位置，使小球运动路径符合题目要求。

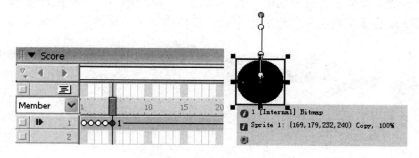

图 5.12　单步录制过程

④ 在单步录制过程中，不仅可以改变精灵的位置、大小，还可以改变它的 Ink 类型和不透明度等。例如，小球落到地面时会变扁，因此在这几帧中，可拖动小球精灵外框上的节点来改变它的外形。

⑤ 设置完所有的帧后，可单击▶按钮观看动画效果，此时会自动关闭单步录制状态（也可以使用菜单命令"Control | Step Recording"）。

⑥ 打开控制面板，设置播放速度，使用▶按钮进行播放与调试。源文件保存为 sy5_2a.dir。

（4）实时录制动画。

① 选定舞台上的小球精灵，选择"Control | Real.Time Recording"菜单命令，舞台上的小球精灵周围将会出现一个红色矩形边框，在剧本分镜窗中，小球精灵的通道左边出现了一个红色小圆点，如图 5.13 所示，表明该精灵已进入实时录制状态。

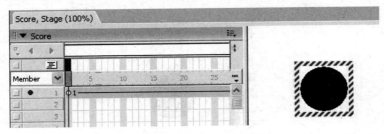

图 5.13   进入实时录制状态

② 在舞台上拖动小球，开始记录动画过程，结束后单击 ■ 按钮结束实时录制。

③ 打开控制面板，设置播放速度，使用按钮 ▶ 进行播放与调试。源文件保存为 sy5_2b.dir。

5.4   从空间到时间动画

从空间到时间（Space to Time）是 Director 特有的动画制作技术。其基本思想是将分布在不同通道上的精灵转移到同一个通道上，并转换为一个精灵。如图 5.14 所示，舞台上安排了飞鸟的 5 个图像精灵，被分别放在 5 个通道上，每个通道上的精灵跨度都为 1 帧，使用 Space to Time 将 5 个精灵从邻近的 5 个通道转移到同一个通道上，并转换为一个精灵。

（a）   （b）

图 5.14   Space to Time 示意

利用 Space to Time 能够方便、快捷地将各个静态画面连接成动画。首先在相同帧标号中将精灵在不同时间内的相对位置、大小和形态变化设置好，然后再将这些设置好的精灵转换到某个通道的不同帧中，即先在空间的意义上放置精灵，然后再将精灵转换到时间的意义上去。

使用这种动画制作技术有利于控制精灵的相对位置。例如，用户可以先在舞台上放置一条曲线作为路径，让某个精灵按照这个曲线的轨迹运动。

Space to Time 的实现步骤：首先将制作动画所需要的演员按照画面顺序放置在剧本分镜窗中不同通道的同一帧处，然后选择这些精灵的所在帧，再选择"Modify | Space to Time"菜单命令，并在弹出的 Space to Time 对话框中的 Separation（间隔帧数）框中输入各个精

灵的间隔帧数，如图 5.15 所示。该数值用于指定在完成从空间到时间的转变过程后每个精灵在时间上所需延续的帧数。

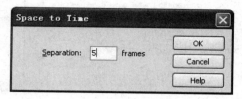

图 5.15　设置间隔帧数

【**例 5.3**】　利用 Space to Time 制作海豚跳跃的动画。

〖设计分析〗

海豚跳跃的动画，可以通过显示海豚在不同位置的图像产生。为了将所有的图像放置到单一的精灵通道上构成一个动画序列，先将精灵跨度设置为 1 帧，将所有的图像演员拖放到舞台上，并确认所有的精灵被放置在相邻的通道中。

〖设计步骤〗

（1）新建一个影片，设置舞台大小为 177×160px。

（2）导入演员。将海豚的 8 个图像文件 dophin1.jpg～dophin8.jpg 导入演员表。

（3）选择"Edit | Preferences | Sprite"菜单命令，打开 Sprite Preferences 对话框，设置精灵跨度为 1 帧。

用 Shift 键+单击的方式，选中演员表中的演员 dophin1～dophin8，将它们拖放到舞台中央，同时自动放置在剧本分镜窗的通道 1～8 的第 1 帧上，如图 5.16 所示（也可以直接将所选中的 8 个演员拖入剧本分镜窗的通道 1～8）。

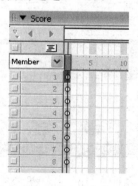

图 5.16　通道 1～8 的第 1 帧

（4）选中通道 1～8 第 1 帧上的 8 个精灵，选择"Modify | Space to Time"菜单命令，打开图 5.15 所示对话框，设置间隔帧数为 4 帧，单击 OK 按钮。

可以看到，8 个精灵全部移动到通道 1 上，并依次排列在通道 1 的第 1～29 帧，如图 5.17 所示。原来在不同通道上同一帧（空间意义）中的精灵转移到了同一通道上的不同帧（时间意义）中。

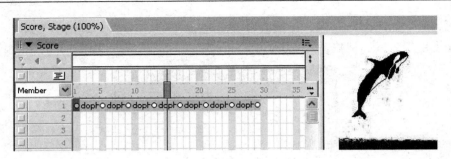

图 5.17　最终效果

（5）打开控制面板，设置播放速度，使用 ▶ 按钮进行播放与调试。

（6）源文件保存为 sy5_3.dir，并发布为 sy5_3.exe。

5.5　胶片环动画

胶片环动画也称循环动画，是一种特殊而实用的动画制作和应用技术。胶片环动画一旦创建，将作为一个演员出现在演员表中。它的实质是将连续播放的动画画面封装在一起，并在影片的任何地方都可以像使用其他演员那样使用它。

Cast to Time（从演员到时间）是创建胶片环动画的前提，它直接通过演员来制作动画，提供了一个快捷的替换演员的方法。Cast to Time 将选中的全部演员作为一个精灵放置到剧本分镜窗的一个通道上，如图 5.18 所示。

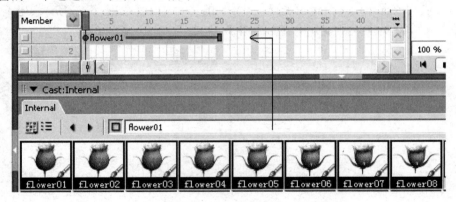

图 5.18　Cast to Time 示意

方法是，在演员表中选中用于构建动画的一系列演员，选择"Modify | Cast to Time"菜单命令即可。这样，多个演员将被封装成一个整体，作为一个动画精灵。之后，可以将该动画精灵创建为胶片环演员。

【例 5.4】　利用 Cast to Time 制作花开的胶片环动画。效果要求：许多花同时开放。

〖设计分析〗

本例要求许多花同时开放，可创建花开的胶片环演员，然后重复使用该胶片环演员，产生许多花同时开放的效果。

〖设计步骤〗

（1）新建一个影片，设置舞台大小为 400×350px。

（2）导入演员。在演员表中导入所需要的演员，如图 5.19 所示。演员表里的 11 个演员是一朵花开放的连续画面。

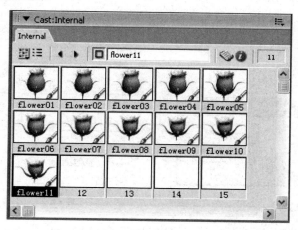

图 5.19　演员导入

（3）制作胶片环动画前的准备。制作胶片环动画前，必须先制作一段动画，作为构成胶片环动画的母本。

首先，选中演员表中的所有演员，然后打开剧本分镜窗，单击通道 1 上的第 1 帧，选择"Modify | Cast to Time"菜单命令，在舞台上生成一个精灵，完成花朵开放动画精灵的创建，如图 5.20 所示。

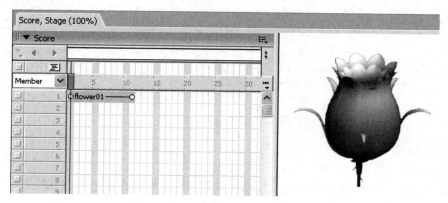

图 5.20　花朵开放动画精灵

由于花朵开放动画精灵使用了 11 个演员，因此，它使用了通道 1 前面 11 帧，一帧对应一个演员。可以改变结束帧的位置，例如，将其拖放至第 30 帧，以调整播放速度。

Cast to Time 在制作画面连续变化的动画或要求动画每帧处的精灵都各不相同时是相当便捷的。它直接从演员表生成动画，免去了 Space to Time 必须逐帧放置精灵的烦琐，给动画创作带来了方便和效率。

（4）制作花朵开放的胶片环演员。在剧本分镜窗中选择刚生成的动画精灵（通道 1 上的精灵），选择"Insert | Film Loop（插入 | 胶片环）"菜单命令，或将选中的动画精灵直接拖放到演员表中。在打开的 Create Film Loop 对话框中输入要创建的胶片环演员名称，如图 5.21 所示，单击 OK 按钮，在演员表中就会自动生成胶片环演员，如图 5.22 所示。

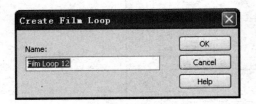

图 5.21　设置胶片环演员名称

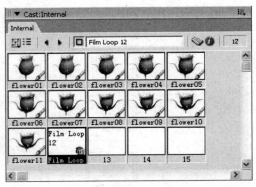

图 5.22　生成胶片环演员

在演员表中单击胶片环演员，选择"Modify | Cast Member | Properties"菜单命令，或直接双击胶片环演员，在属性检查器的 Film Loop 选项卡中可以设置胶片环演员的属性，如图 5.23 所示。

图 5.23　Film Loop 选项卡

Film Loop 选项卡说明如下。

① Framing：包含两个单选钮。

Crop（修剪），在舞台上缩小胶片环精灵的边框时，将采用裁剪的方式将边框以外的部分剪掉。

Scale，在舞台上缩放胶片环精灵的边框时，按边框的大小对精灵进行缩放。

② Center：只有在 Crop 模式下才可使用，将使精灵在边框内居中。

③ Audio：在播放胶片环动画的同时播放其中的音频，否则动画中的音频部分将被忽略。

④ Loop：决定胶片环动画在播放时是否循环播放。

在 Cast 选项卡中可以修改演员编号和所在的演员表，其中的 Preload（预选载入）下拉列表用于选择胶片环精灵怎样被调用。

（5）通道 1 上的花朵开放动画精灵可以保留，也可以删除。在舞台的不同位置放置多个胶片环精灵，并调整其大小。

（6）打开控制面板，设置播放速度，使用 ▶ 按钮进行播放与调试。

（7）源文件保存为 sy5_4.dir，并发布为 sy5_4exe。

注意：由于胶片环精灵是一个"打包"后的动画精灵，无论它在创建时用了多少帧，当它作为一个精灵时，只需要 1 帧的位置，即可完全播放其中的动画内容。而当精灵跨度大于它创建时的帧数时，如果没有勾选 Film Loop 选项卡中的"Loop（循环放映）"复选框，它将在动画播放完后停止在最后 1 帧的位置。

【例 5.5】 利用胶片环动画制作技术制作海鸥在大海上飞翔的动画，背景音乐为海浪声。

〖设计步骤〗

（1）新建一个影片，设置舞台大小为 640×480px。

（2）导入演员。将图像和音频素材导入演员表中，如图 5.24 所示。

（3）制作胶片环动画前的准备。首先要制作一段海鸥振翅动画，然后，将其创建为胶片环动画。

在演员表中选中所有演员海鸥 1～海鸥 4，打开剧本分镜窗，单击通道 1 第 1 帧，选择"Modify | Cast to Time"菜单命令，在舞台上产生一个动画精灵，完成海鸥振翅动画的创建。

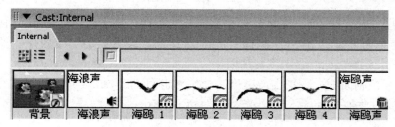

图 5.24　导入演员

选择舞台上的海鸥振翅动画精灵，在属性检查器的 Sprite 选项卡中，将海鸥振翅动画精灵设置为背景透明。

（4）制作胶片环演员。可以使用多个通道中的精灵序列制作胶片环演员。本例中将海鸥振翅动画精灵和海浪声构成胶片环演员。

先将海浪声演员放到声音通道 1 中，选择通道 1 中的海鸥振翅动画精灵和声音通道 1 中的海浪声精灵所在的帧，选择"Insert | Film Loop"菜单命令，即可在演员表中建立胶片环演员，将其命名为海鸥振翅。

（5）为了缩减文件的大小，可以将剧本分镜窗内不再使用的用于制作胶片环演员的精灵清除。本例中可以清除声音通道 1 中的海浪声精灵和通道 1 中的海鸥振翅动画精灵。

（6）将背景演员拖放到通道 1 上，并设置精灵跨度为 30 帧，在舞台上使背景精灵居中放置。

（7）将胶片环演员海鸥振翅拖放到通道 2 上，精灵跨度为 30 帧，并调整其在舞台上的位置。

（8）使海鸥飞翔。在通道 2 第 30 帧处插入关键帧，然后将第 30 帧处的海鸥振翅精灵拖放到舞台的右上角，在舞台上形成精灵的线性运动路径。适当缩小第 30 帧处精灵的大小。

按下 Alt 键，根据设想的海鸥飞翔路径，在路径上选择移动节点，如图 5.25 所示。

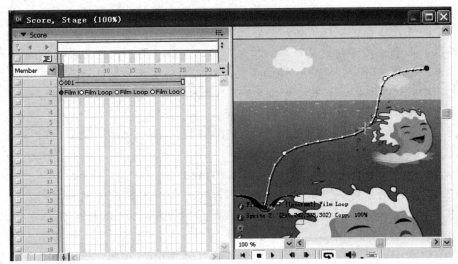

图 5.25　海鸥飞翔路径

（9）设置运动过渡效果。选中通道 2 中的全部胶片环精灵，然后选择"Modify | Sprite | Tweening"菜单命令，打开 Sprite Tweening 对话框，设置运动过渡效果，使海鸥飞得更自然。

（10）打开控制面板，设置播放速度，使用 ▶ 按钮进行播放与调试。

（11）源文件保存为 sy5_5.dir，并发布为 sy5_5.exe。

5.6　应用实例

【例 5.6】　利用胶片环动画制作技术制作一个飞机拖影的动画。飞机在天空中飞过，后面会留下一道道拖影。

〖设计分析〗

将若干相同的图像以一定的偏移量叠放在一起，使下面的图像色彩淡化，就可形成拖影效果。本例需要建立一个飞机拖影的胶片环动画，在 Paint 窗口中绘制一个渐变的矩形作为天空，将飞机拖影胶片环动画和背景合成飞机飞行的动画。

〖设计步骤〗

（1）新建一个影片，设置舞台大小为 320×240px。

（2）导入演员。将图像素材"飞机.psd"导入演员表中。

（3）绘制蓝天背景。打开 Paint 窗口，设置前景色为蓝色，背景色为白色，选择渐变填充方式，然后在工具箱中选择矩形填充工具 ■，绘制一个渐变的矩形作为蓝天背景，如图 5.26 所示，同时将会创建蓝天背景演员。

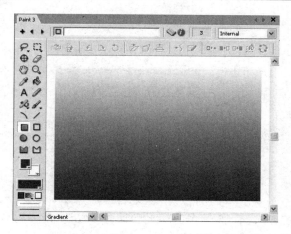

图 5.26　在 Paint 窗口中绘制蓝天背景

（4）制作胶片环动画前的准备。

① 偏移叠放飞机演员。将飞机演员拖入剧本分镜窗通道 1 的第 1～5 帧，在舞台上产生精灵 Sprite 1，将其设置为背景透明。使用工具箱中的 ⟳ 工具，将该精灵旋转一定角度。在通道 1 的第 5 帧上插入关键帧，并在第 5 帧中将精灵向左上方移动一段距离，该距离的大小将决定拖影的长短，如图 5.27 所示。

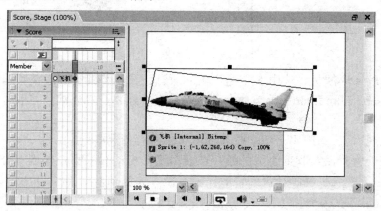

图 5.27　旋转并移动精灵

② 设置运动平滑过渡。选择通道 1 中的全部精灵，选择"Modify | Sprite | Tweening"菜单命令，打开 Sprite Tweening 对话框，选中 Speed 栏中的 Smooth Changes 单选钮，设置平滑过渡效果。

③ 产生拖影。由于第 5 帧中的精灵向左上方移动了一段距离，因此相邻两帧之间，后面的精灵覆盖了前面精灵的左上方。下面精灵的不透明度应该比上面精灵的小。

右击通道 1 第 1 帧，选择快捷菜单中的 Edit Sprite Frame 命令，进入单帧编辑状态，在属性检查器的 Sprite 选项卡中设置 Ink 类型为 Copy，并设置其不透明度为 10%，如图 5.28 所示。用同样的方法将通道 1 第 2、3、4、5 帧中精灵的 Ink 类型均设置为 Copy，不透明度分别为 20%、30%、40%、100%。

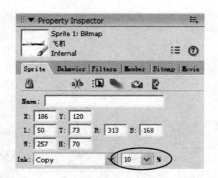

图 5.28 设置单帧属性

分别将通道 1 第 2、3、4、5 帧中的精灵剪切并粘贴到通道 2、3、4、5 第 1 帧中，剧本分镜窗的最终编排和舞台上的显示效果如图 5.29 所示。

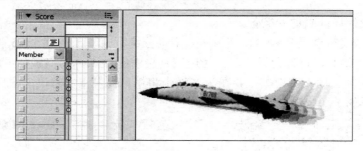

图 5.29 将各帧中的精灵置于不同的通道中

（5）制作胶片环演员。选中 5 个通道内的所有精灵，将其扩展成精灵跨度为 5 帧的精灵。选择"Insert | Film Loop"菜单命令，在演员表中建立胶片环演员，胶片环演员名称为"飞机动画"。

（6）清除通道 1～5 中用于建立胶片环演员的所有精灵序列。

（7）将蓝天背景演员和新生成的胶片环演员"飞机动画"都拖入剧本分镜窗中，精灵跨度为 30 帧。选中飞机动画精灵的最后一帧，插入关键帧，如图 5.30 所示。

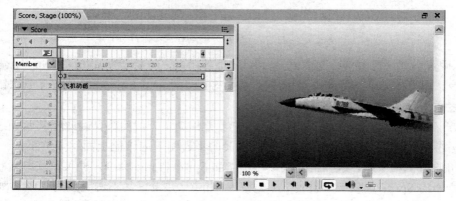

图 5.30 剧本分镜窗

（8）在舞台上拖动第 30 帧中的"飞机动画"精灵，形成飞机飞行的路径，如图 5.31 所示。

（9）双击剧本分镜窗中脚本通道的第 30 帧，打开脚本编辑窗口，为影片加入循环播放脚本，如图 5.32 所示。

图 5.31　形成飞机飞行的路径　　　　　　图 5.32　脚本编辑窗口

（10）打开控制面板，设置播放速度，使用 ▶ 按钮进行播放与调试。

（11）源文件保存为 sy5_6.dir，并发布为 sy5_6.exe。

【例 5.7】　运用天空、太阳、草地、树木、房屋和卡通人物（Hoppity）制作一段动画：场景向远处推进，天空中的云和太阳在移动，画面由远及近，房屋、行走的卡通人物逐渐变大并出现树木等，如图 5.33 所示。

（a）　　　　　　　　　　（b）　　　　　　　　　　（c）

图 5.33　行走的卡通人物

〖设计分析〗

场景中要产生太阳的移动，房屋、卡通人物逐渐变大并出现树木等动画效果，每个通道都需要采用两个关键帧，通过改变前、后两个关键帧中精灵的大小和位置来实现。可以利用不同的帧控制精灵出场的顺序，例如，树木的出现；可以利用不同的通道控制精灵在舞台上前、后位置，例如，太阳放置的通道应该在天空放置的通道的上面。行走的卡通人物需要制作成胶片环演员。

〖设计步骤〗

（1）新建一个影片，设置舞台大小为 640×480px。

（2）导入演员。将图像素材（t01～t11、草地、房屋、树、太阳、天空）导入演员表中。

（3）制作行走的卡通人物胶片环动画。在演员表中选择所有 Hoppity 演员（t01～t11），打开剧本分镜窗，单击通道 1 上的第 1 帧，选择"Modify | Cast to Time"菜单命令，在舞台上产生一个精灵，完成卡通人物行走动画精灵的创建。

选中该精灵，在属性检查器的 Sprite 选项卡中，将其设置为背景透明。然后，选择"Insert | Film Loop"菜单命令，在演员表中创建胶片环演员，演员名称为"走路"。胶片环动画制作完成后，可删除通道 1 中的精灵。

（4）参考图 5.34 设置剧本分镜窗，设置精灵跨度为 50 帧。

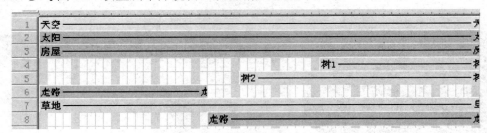

图 5.34　剧本分镜窗设置

① 将天空演员放置在舞台的右上方，在通道 1 第 50 帧处插入关键帧，在该帧中向左下方移动精灵，并适当改变精灵大小，产生天空中的云移动的效果。

② 将太阳演员放置在舞台的左上方，在通道 2 第 50 帧处插入关键帧，在该帧中向右下方移动精灵，并适当改变精灵大小，产生太阳移动的效果。天空和太阳的设置可参考图 5.35。

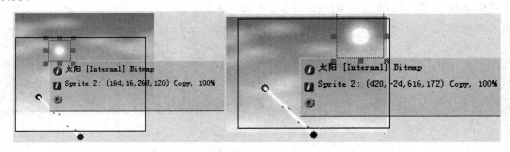

图 5.35　天空与太阳的设置

③ 将房屋演员放置在舞台的中间，在通道 3 第 50 帧处插入关键帧，在该帧中向右方移动精灵，并将精灵增大，产生场景向远处推进的效果。

④ 将草地演员放置在精灵通道 7 中，位于舞台的左下方，在第 50 帧处插入关键帧，在该帧中向右下方移动精灵，并适当改变精灵大小，产生草地向远处推进的效果。

⑤ 在通道 6 第 1～20 帧中放置胶片环演员"走路"，将第 1 帧中的卡通人物适当缩小，并置于草地后面。在第 20 帧处插入关键帧，向左上方移动精灵，产生卡通人物从地平线处走来的效果。

在通道 8 第 21～50 帧中再次使用胶片环演员"走路"，并适当改变各帧中精灵的位置和大小，产生卡通人物在草地上面行走的效果。

"走路"胶片环演员使用了两个精灵通道，前 20 帧在草地的后面，后 30 帧在草地的前面，产生卡通人物由远处走近的效果。

⑥ 在通道 4 和 5 中放置树生成树 1 和树 2 精灵，适当改变两个精灵的位置和大小，由

于它们的起始帧分别为第 25 帧与第 35 帧，就产生了出现树木的效果。

（5）打开控制面板，设置播放速度，使用 ▶ 按钮进行播放与调试。

（6）源文件保存为 sy5_7.dir，并发布为 sy5_7.exe。

5.7　上机实践

1．使用 t5-1 文件夹中的素材，采用逐帧动画、单步录制动画、Cast to Time 三种动画制作技术制作海底世界，如图 5.36 所示。源文件保存为 t5_1.dir，并发布为 t5_1.exe。

提示：在 Director 中可以直接将 Photoshop 的 .psd 文件导入演员表。

方法一：逐帧放置。

选择"Edit | Preferences | Sprite"菜单命令，打开精灵属性对话框，设置精灵在剧本分镜窗中默认持续的时间为 1 帧。

依次将 hai1～hai7 演员分别拖放到通道 1 的第 1～7 帧上。

方法二：单步录制。

将 hai1～hai7 演员全部拖放到舞台上。

进入单步录制状态，将播放头移动到第 2 帧，单击演员表中第 2 个演员 hai2，按 Ctrl+E 组合键或选择"Edit | Exchange Cast Members（编辑 | 交换演员）"菜单命令，此时，观察到精灵的演员 hai1 变成了演员 hai2，同样方法，依次交换第 3～7 帧中精灵的演员。

方法三：Cast to Time。

在演员表中用 Ctrl+A 组合键选择所有演员。按住 Alt 键将所选中的演员拖放到舞台上，产生一个组合精灵。

2．使用实时录制动画制作技术制作一个投篮动画，篮球按某轨迹投入篮筐，落地后反弹跳动，直到静止，如图 5.37 所示。使用 t5-2 文件夹中的素材，源文件保存为 t5_2.dir，并发布为 t5_2.exe。

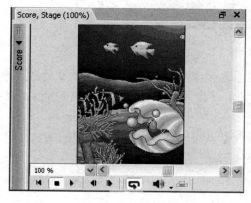

图 5.36　海底世界

图 5.37　投篮动画

3．使用 t5-3 文件夹中的素材，制作一个小鱼追逐气泡的动画。气泡在水中随机移动，小鱼追逐气泡，如图 5.38 所示。源文件保存为 t5_3.dir，并发布为 t5_3.exe。

图 5.38　小鱼追逐气泡动画

提示：① 先绘制气泡。

② 选择小鱼和气泡精灵，对它们同时进行实时录制，录制后修改小鱼精灵运动路径上部分关键帧的属性，例如，小鱼精灵的方向。

4. 使用 t5-4 文件夹中的素材，制作小狗跑动的动画，单击"开始"按钮，小狗沿道路从远处跑过来。源文件保存为 t5_4.dir，并发布为 t5_4.exe。

5. 使用 t5-5 文件夹中的素材，采用胶片环动画制作技术，制作海豚戏水动画，如图 5.39 所示。源文件保存为 t5_5.dir，并发布为 t5_5.exe。

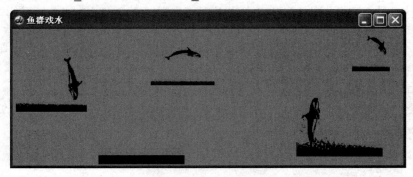

图 5.39　海豚戏水动画

提示：将 01.jpg～08.jpg 制作成胶片环动画前，要对精灵去除背景。以制作成的胶片环演员作为精灵，制作过渡动画，要在多个通道上使用该胶片环演员，并调节它们的大小和位置。

6. 使用 t5-6 文件夹中的素材，制作一个帆船拖影效果的动画，帆船在大海上航行，产生拖影效果，源文件保存为 t5_6.dir，并发布为 t5_6.exe。

第6章

行为与交互技术

要使多媒体作品实现交互功能，大多需要编程。在 Director 中，可以不编程或只要进行少量的属性设置，就能实现一些常用的交互功能。用户可以使用行为库中的内置脚本模块和行为检查器来自动生成动作脚本，简单地拖动行为到精灵上或通道中，即可完成交互设置。

要实现复杂的交互，还得掌握脚本的使用方法以及脚本与行为的结合。

本章要点：
◇ 掌握行为库的使用方法。
◇ 掌握创建行为到精灵或帧实例的方法。
◇ 掌握利用行为检查器创建简单行为和修改行为实例属性的方法。
◇ 熟练掌握常用内置行为的应用。

6.1 初识行为

6.1.1 引例

【例 6.1】 利用行为制作开门动画，效果如图 6.1 所示。

图 6.1 开门动画

〖设计步骤〗

（1）新建一个影片，设置舞台大小为 512×288px，默认精灵跨度为 5 帧。导入素材 pic1.jpg 到演员表中。打开 Paint 窗口，绘制一个红色矩形作为门演员，其自动存放在演员表的窗格

2 中，如图 6.2（a）所示。

（2）拖动演员表中的 pic1 演员到通道 1（第 1~5 帧）中，拖动门演员到通道 2（第 1~5 帧）中，如图 6.2（b）所示。

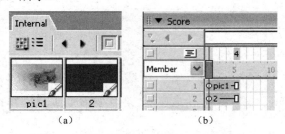

（a） （b）

图 6.2 演员表和剧本分镜窗

（3）为精灵添加开门行为。选择"Window | Library Palette（窗口 | 库面板）"菜单命令，显示 Library（库）面板，单击 Library List（库列表）按钮 ⊞，从下拉列表中选择 Animation→Sprite Transitions（精灵过渡），如图 6.3（a）所示，将会显示 Sprite Transitions 行为库，如图 6.3（b）所示。

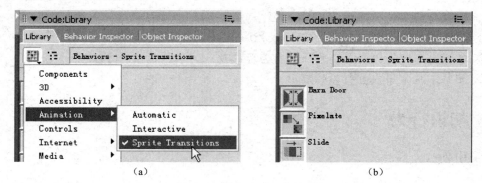

（a） （b）

图 6.3 显示 Sprite Transitions 行为库

从行为库中拖动 Barn Door（开门）行为到舞台中的门精灵 Sprite 2 上，弹出行为属性对话框，在 When transition appears（当显示过渡时）下拉列表中选择 end of sprite（精灵尾部），如图 6.4 所示，完成开门行为实例的创建。

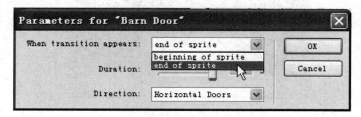

图 6.4 行为属性对话框

（4）播放头控制。双击脚本通道第 5 帧，打开脚本编辑窗口，在 exitFrame 事件过程内输入 go to frame 1，使播放头返回第 1 帧，实现循环播放。

（5）播放影片，舞台上的红色矩形产生向内开门的动画效果，如图 6.1 所示。

（6）源文件保存为 sy6_1.dir，并发布为 sy6_1.exe。

注意：如果在转场效果通道中添加内置转场效果，则不能实现开门动画效果，读者可试试。

6.1.2　行为的概念

行为是一种附加在精灵或帧上的、可以重复使用的 Lingo 脚本模块，通过设置行为属性，可以实现不同的功能和效果。Director 中内置了行为库，其中提供了许多具有基本执行功能的行为脚本模块。在 Library 面板中可查看或使用行为库中的行为。可以通过行为检查器（Behavior Inspector 选项卡）修改行为属性或创建用户行为，也可以通过编写 Lingo 脚本创建自定义行为，并将其添加到行为库中，以便以后使用，还可以使用第三方厂商开发的行为。

大多数行为都用于响应某个简单的事件，例如，在一个精灵上单击，或者播放头移至某帧处。当这个事件发生时，将会触发行为执行一个特定的动作，例如，跳转到其他帧或者播放一个音频。

Director 允许将同一个行为同时附加到几个精灵或者几帧上，一个精灵上可以附加多个不同的行为，但在一帧上只能附加一个行为。当为某帧附加行为时，如果该帧上已经有一个行为，则新的行为将取代该帧上原有的行为。

对某个行为设置属性并将其附加到精灵或帧上后，该行为对象即变为行为实例。为精灵或帧创建行为实例的方法如下。

① 选择"Window | Library Palette"菜单命令，或者单击常用工具栏中的 Library Palette 按钮，显示 Library 面板。选择 Library 面板行为库中的某个行为，并将其拖放到舞台某个精灵上或通道中某帧上，就成功地将一个行为附加到该精灵或帧上，如图 6.5 所示。

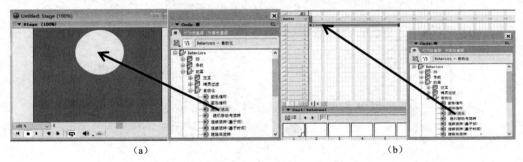

（a）　　　　　　　　　　　　　　　　　（b）

图 6.5　将行为附加到精灵或帧上

② 如果这个行为包含属性，就会弹出行为属性对话框，在其中设置需要的属性，即可完成行为实例的创建，该行为实例将自动添加到演员表中。

在创建行为实例时设置的属性只对选定的精灵或帧起作用，它不会改变行为库中原始的脚本。同一个行为可以设置不同的属性，对精灵或帧产生特定的功能。可以使用行为检查器修改行为实例的属性。

6.2 行为库

6.2.1 行为分类

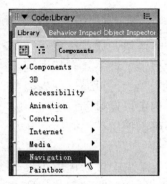

图 6.6　行为库分类下拉列表

在 Library 面板中，单击 Library List 按钮 ，可显示行为库分类下拉列表，如图 6.6 所示。

Director 行为库中内置了 9 类行为，有些行为还包含子行为。

3D（三维）：分为触发器和动作。

Accessibility（辅助功能）：包括键盘控制及工作组等行为。

Animation（动画）：分为 Interactive（交互）、Sprite Transitions（精灵过渡）和 Automatic（自动化）。

Controls（控件）：包括仿时钟、各种按钮及连线控制等行为。

Internet（网络）：分为 Forms（表单）和 Streaming（流）。

Media（媒体）：分为 Flash（Flash 动画）、QuickTime（视频）、RealMedia（流媒体）和 Sound。

Navigation（导航）：包括使播放头跳转到指定的帧标号、帧标记（Marker）处，以及影片或网络地址等行为。

Painbox（绘图盒）：包括画布、画刷和橡皮等行为。

Text（文本）：包括限制输入、日历、计数器、密码输入、文本动画等行为。

在 Library 面板中利用 Library View Style 按钮 ，可以在列表方式和图标方式之间切换，如图 6.7 所示。

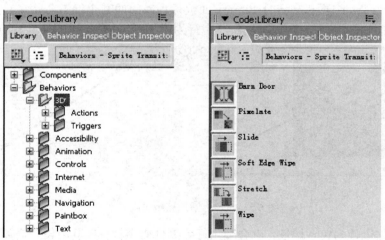

图 6.7　行为显示的列表方式和图标方式

要了解某行为的功能，可以切换到图标方式，将鼠标停留在行为图标上，就会显示该行为的功能描述。图 6.8 所示为鼠标停留在 Rotate Continuously(time-based)行为图标上所显示的文字提示，可以看到，这是一个用于位图（图像）、Flash 动画、文本和矢量图形的旋转行为，它基于时间以一定的速度连续旋转。用户可以使用 Lingo 脚本对其进行控制。

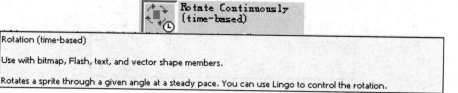

图 6.8　行为的功能描述示例

6.2.2　创建行为实例

下面通过制作秒表动画来说明如何创建行为实例。

【例 6.2】　使用内置行为制作秒表动画，运行效果如图 6.9 所示。

〖设计分析〗

秒表动画实质是基于时间的连续旋转行为，需要绘制一个指针，并将指针底部作为旋转中心。

〖设计步骤〗

（1）新建一个影片，设置舞台大小为 300×300px，默认精灵跨度为 5 帧。导入素材 flash1.swf（秒表盘动画）和 pic1.psd（注册点）。

图 6.9　秒表动画

（2）绘制指针演员。打开 Vector Shape 窗口，使用钢笔工具✒和箭头工具➤绘制一个指针，绘制过程如图 6.10 所示。指针绘制完成后，使用注册点工具⊕将指针注册点设置在指针底部，作为旋转中心。

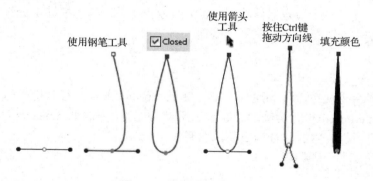

图 6.10　绘制指针的过程

（3）从演员表拖动演员 flash1 到通道 1 中，生成精灵 Sprite 1；拖动指针演员到通道 2 中，生成精灵 Sprite 2；拖动演员 pic1 到通道 3 中，生成精灵 Sprite 3。

（4）播放头停留控制。双击脚本通道第 1 帧，添加脚本 go to the frame，使播放头停留。

（5）为秒针添加行为。在 Library 面板中展开 Animation→Automatic 行为库，拖动 Rotate Continuously(time-based)行为到舞台上的指针精灵上，弹出行为属性对话框，设置 Rotate once every 为 60 Seconds，如图 6.11 所示，表示每 60 秒旋转 1 周。

图 6.11　行为属性对话框

（6）播放影片，可以看到，指针从秒表盘上方正中间位置开始连续转动，转动角度正确。为了模拟真实秒表指针 1 秒移动 1 次的效果，可双击速度通道的第 1 帧，打开 Frame Properties：Tempo 对话框，设置 Tempo 为 1fps，如图 6.12 所示，表示播放速度为 1 帧/秒。设置完成后，播放影片，可以看到指针 1 秒移动 1 次，每 60 秒旋转 1 周。

图 6.12　设置播放速度

（7）源文件保存为 sy6_2.dir，并发布为 sy6_2.exe。

6.2.3　修改行为实例

对已经创建的行为实例，可在行为检查器中修改其属性。

【例 6.3】　使用行为检查器修改例 6.2 中的秒表动画，改为指针 1 分钟移动 1 次，每 60 分钟旋转 1 周。

〖设计步骤〗

（1）打开 sy6_2.dir。

（2）选中舞台上要更改行为属性的指针精灵 Sprite 2，打开行为检查器，选中 Rotate Continuously(time-based)行为实例，如图 6.13 所示，单击上方的 Parameters（属性）按钮 ，弹出行为属性对话框，修改其行为属性，如图 6.14 所示。

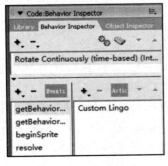

图 6.13　行为检查器

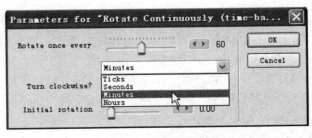

图 6.14　修改行为属性

（3）播放影片，可以看到，指针 1 分钟移动 1 次，每 60 分钟旋转 1 周。

（4）源文件保存为 sy6_3.dir，并发布为 sy6_3.exe。

6.2.4　创建用户行为

Director 中的内置行为虽然使用方便，但有时不能满足多媒体作品开发的多样性需求，可使用行为检查器来创建用户行为。用户行为将以演员的方式存于演员表中，可以重复使用该行为。

使用行为检查器来创建新行为，不需要任何脚本创作或者设计经验。所创建的用户行为需要有一个事件来触发，然后执行一个或者多个动作，即用户行为要包含一个事件和若干动作。行为检查器提供了常用的事件和动作选项，如图 6.15 所示。

（a）事件选项　　　　（b）动作选项

图 6.15　常用的事件和动作选项

【例 6.4】　设计和制作光标形状变化的用户行为。要求：鼠标（光标）经过精灵时，光标变为手指形状；鼠标离开精灵后，光标恢复原来的形状。

〖设计分析〗

本例需要两个事件来实现光标形状变化：第一，鼠标经过精灵时，触发第一个事件（mouseWithin 或 mouseEnter），光标变为手指形状；第二，鼠标离开精灵后，触发第二个事件（mouseLeave），光标恢复原来的形状。

〖设计步骤〗

（1）新建一个影片，设置舞台大小为 200×150px。

（2）创建按钮演员。在舞台上绘制一个按钮，输入按钮文本"鼠标改变演示"。

（3）创建 Mouse_Cursor 行为演员。

① 创建用户行为演员。打开行为检查器，单击 Behavior Popup 按钮，从下拉列表中选择 New Behavior，弹出 Name Behavior 对话框。在 Behavior Name 框中输入 Mouse_Cursor，如图 6.16 所示，单击 OK 按钮，在演员表中会增加一个名为 Mouse_Cursor 的用户行为演员。

图 6.16　Name Behavior 对话框

② 为用户行为演员添加事件和动作。参考图 6.17，单击 Events（事件）窗格中的 Event Popup 按钮，从下拉列表中选择 Mouse Within（鼠标进入），创建一个名为 mouseWithin 的事件。选中该 mouseWithin 事件，单击 Actions（动作）窗格中的 Action Popup 按钮，从下拉列表中选择 Cursor→Change Cursor。

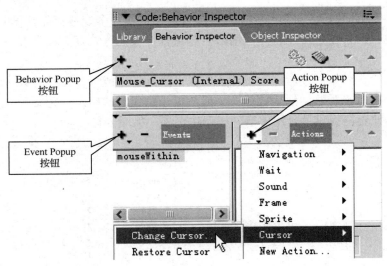

图 6.17　添加事件和动作

弹出 Specify Cursor（光标描述）对话框，从 Change Cursor to 下拉列表中选择 Finger，如图 6.18 所示，单击 OK 按钮，设置光标为手指形状。

图 6.18　Specify Cursor 对话框

这时，在 Actions 窗格中将会显示一个名为 Change Cursor to 280 的动作，如图 6.19 所示。此时，Mouse_Cursor 行为演员具备了鼠标经过目标时光标变为手指形状的动作。

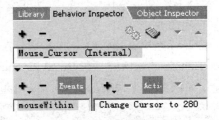

图 6.19　光标变为手指形状的动作

再次单击 Events 窗格中的 Event Popup 按钮，从下拉列表中选择 Mouse Leave（鼠标离开），创建 mouseLeave 事件。选中该 mouseLeave 事件，单击 Actions 窗格中的 Action Popup

按钮，从下拉列表中选择 Cursor→Restore Cursor，使 Mouse_Cursor 行为演员具备鼠标离开目标区域时光标恢复原来形状的动作。

注意：mouseEnter 事件在鼠标第一次经过精灵的有效区域时被触发，而 mouseWithin 事件在鼠标进入精灵的有效区域时被触发。

（4）播放头停留控制。双击脚本通道的第 1 帧，添加脚本 go to the frame，使播放头停留。

（5）为"鼠标改变演示"按钮附加 Mouse_Cursor 行为。拖动 Mouse_Cursor 行为演员到舞台的"鼠标改变演示"按钮上。

（6）播放影片，测试光标变化效果，如图 6.20 所示。

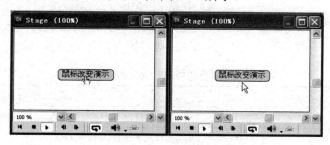

图 6.20　测试光标变化效果

（7）源文件保存为 sy6_4.dir，并发布为 sy6_4.exe。

光标变化行为在多媒体作品创作中非常有用，可以改善光标的动态视觉效果。Director 中预设的光标及其序列号如图 6.21 所示。

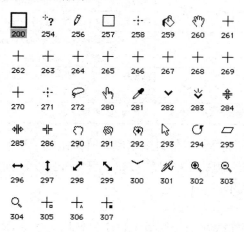

图 6.21　Director 中预设的光标

可以直接在事件过程中使用脚本改变光标的形状，命令格式：Cursor 预设的光标序列号。例如，在 mouseEnter 事件过程中，使用脚本 Cursor 280 将此事件附加给某精灵，当鼠标移到该精灵上时，光标将变成手指形状。在 mouseLeave 事件过程中，使用脚本 Cursor 0 可以取消光标设置还原成默认箭头形状。

注意：脚本 Cursor 200 将隐藏光标。

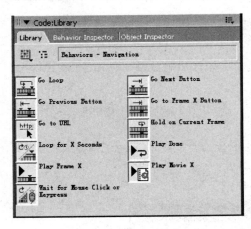

图 6.22　导航行为库

6.3　常用行为应用

6.3.1　导航

　　行为库中的 Navigation（导航）行为非常有用，几乎每个使用 Director 开发的影片中都会用到导航功能，通过按钮或其他事件可以控制影片的播放顺序等，而不是从头到尾连续播放。在 Library 面板中单击 Library List 按钮，在下拉列表中选择 Navigation（导航），导航行为库如图 6.22 所示。

　　常用的导航行为及其功能描述见表 6.1。

表 6.1　常用的导航行为及其功能描述

行　为　名	功　能　描　述
Go Loop（到循环）	循环回放到前一个帧标记（Marker），若无帧标记，则返回第 1 帧
Go Next Button（到下一个按钮）	创建跳转到下一个帧标记的按钮
Go Previous Button（到上一个按钮）	创建跳转到前一个帧标记的按钮
Go to Frame X Button（到指定帧的按钮）	创建跳转到指定帧的按钮。 参数说明：指定目标帧
Go to URL（转到网址）	打开默认的浏览器，浏览指定的网页。 参数说明：指定目标网址
Play Done（播放返回）	播放到此处返回，配合 Play Frame 和 Play Movie 使用
Play Frame X（播放指定帧）	从指定帧开始播放，遇到 Play Done 则返回。 参数说明：指定开始播放的帧
Play Movie X（播放指定影片）	播放指定的影片，遇到 Play Done 则返回。 参数说明：指定目标影片
Wait for Mouse Click or Keypress（等待单击或按键）	等待单击或按键继续

　　【例 6.5】　利用导航行为设计和制作无形导航按钮电子相册。要求：图片显示在一个镜框内，单击镜框左侧或右侧的无形导航按钮，可以分别实现向前一张或后一张图片翻页的功能，效果如图 6.23 所示。

　　〖设计分析〗

　　要播放的图片可按顺序放在同一通道上，本例使用了 5 张图片，因此影片分为 5 段，每张图片占 5 帧，共 25 帧。为了使图片的显示互不干扰，在每段影片起始帧中添加脚本 go to the frame 使播放头停留在该帧。镜框左侧和右侧的黑色矩形区域可看成两个无形导航按钮，用于实现向前或向后翻动图片。导航按钮的目标位置是与当前帧距离最近的已标记的帧。

　　〖设计步骤〗

　　（1）新建一个影片，设置舞台大小为 512×288px。导入素材 pic.gif（镜框）和 pic1.jpg～

pic5.jpg（图片）。

（2）创建按钮演员。先将镜框演员 pic 拖放到舞台上用于定位，在工具面板中选择矩形工具▢，在左侧绘制一个矩形作为"前一张"导航按钮，命名为 left button；在右侧绘制一个矩形作为"下一张"导航按钮，命名为 right button，如图 6.24 所示。

图 6.23　无形导航按钮电子相册

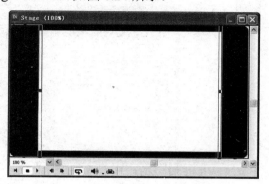

图 6.24　绘制无形导航按钮

（3）将 pic 精灵移至通道 2 中，使用第 1～25 帧，设置其 Ink 类型为 Background Transparent，使中间的矩形变为透明，可以显示通道 1 上的图片。将两个导航按钮精灵 left button 和 right button 分别移至通道 3 和 4 中，均使用第 1～25 帧。

（4）设置默认精灵跨度为 5 帧，拖动演员表中的 pic1～pic5 到通道 1 中，起始帧分别为第 1、6、11、16 和 21 帧。

（5）为了使用导航按钮实现向前或向后跳转，需要对目标帧设置帧标记（Marker），帧标记的位置为精灵的起始帧。如图 6.25 所示，在剧本分镜窗上方的帧标记栏中，为第 1、6、11、16 和 21 帧设置帧标记，帧标记名可以任意指定，本例命名为 1、2、3、4 和 5。

（6）播放头停留控制。双击脚本通道第 1 帧，添加脚本 go to the frame，创建脚本演员 9。然后，分别拖放脚本演员 9 到脚本通道的第 6、11、16 和 21 帧。

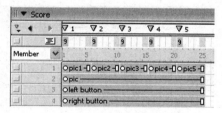

图 6.25　剧本分镜窗

（7）添加导航行为。在 Library 面板中展开 Navigation 行为库，拖动 Go Previous Button 行为到舞台左侧的 left button 精灵上，拖动 Go Next Button 行为到舞台右侧的 right button 精灵上。

（8）播放影片，在图片右侧单击，将显示下一张图片；在图片左侧单击，将显示上一张图片；当显示第一张图片（最后一张图片）时，在左侧（右侧）单击无效。

（9）源文件保存为 sy6_5.dir，并发布为 sy6_5.exe。

6.3.2　动画

Animation（动画）行为包含 Interactive（交互）、Sprite Transitions（精灵过渡）和 Automatic（自动化）等子类。

1．交互

在 Library 面板中展开 Animation→Interactive（交互）行为库，如图 6.26 所示。

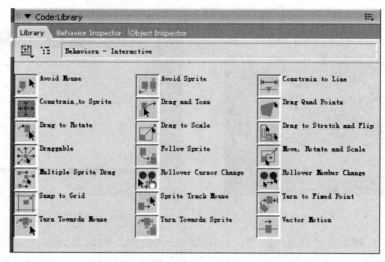

图 6.26　交互行为库

常用的交互行为及其功能描述见表 6.2。

表 6.2　常用的交互行为及其功能描述

行　为　名	功　能　描　述
Avoid Mouse（避开鼠标）	精灵移动，避开鼠标。 参数说明：Distance 为避开距离，Speed 为避开速度
Drag to Rotate（拖动旋转）	按住鼠标左键拖动可旋转精灵
Drag to Scale（拖动缩放）	按住鼠标左键拖动可缩放精灵
Draggable（可拖动）	按住鼠标左键可拖动精灵
Move, Rotate and Scale（移动、旋转和缩放）	按住鼠标左键，可移动精灵；同时按住 Shift 键，可旋转精灵；同时按住空格键，可缩放精灵
Rollover Cursor Change（经过时改变光标）	当鼠标位于精灵（有效区域）上方时，改变光标
Rollover Member Change（经过时改变演员）	当鼠标位于精灵（有效区域）上方时，改变演员

【例 6.6】利用交互行为设计和制作简单的小狗游戏动画。要求：当鼠标接近小狗 1 时，小狗 1 会自动躲避光标，移到舞台上另外的位置；当鼠标移到小狗 2 上，小狗 2 变为一只飞鸟。

〖设计分析〗

使用 Avoid Mouse 行为实现小狗 1 躲避光标的功能，使用 Rollover Member Change 行为将小狗变为飞鸟。

〖设计步骤〗

（1）新建一个影片，设置舞台大小为 400×300px。导入素材 pic1.jpg、pic2.gif 和 pic3.gif。

（2）拖动演员表中的演员 pic1 到舞台上作为背景（通道 1），分两次拖动演员 pic2 到舞台上形成小狗 1 和小狗 2 的精灵 Sprite 2 和 Sprite 3（通道 2 和 3），均设置为背景透明，然后调整它们的位置和大小。

（3）添加交互行为。在 Library 面板中展开 Animation→Interactive 行为库，从中拖动 Avoid Mouse 行为到舞台精灵 Sprite 2 上，创建相应的行为实例，弹出行为属性对话框，设置如图 6.27 所示。

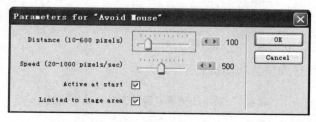

图 6.27　设置行为属性 1

拖动 Rollover Member Change 行为到舞台精灵 Sprite 3 上，创建相应的行为实例，弹出行为属性对话框，设置如图 6.28 所示。

图 6.28　设置行为属性 2

（4）播放影片，当鼠标从各个方向接近小狗 1 时，小狗 1 都会躲避光标并保持一定的距离，效果如图 6.29（a）所示。当鼠标经过小狗 2 时，小狗 2 就会变为一只飞鸟，效果如图 6.29（b）所示。

| （a） | （b） |

图 6.29　小狗游戏效果

（5）源文件保存为 sy6_6.dir，并发布为 sy6_6.exe。

2. 精灵过渡

在 Library 面板中展开 Animation→Sprite Transitions（精灵过渡）行为库，如图 6.30 所示。

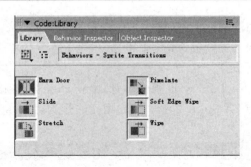

图 6.30　精灵过渡行为库

常用的精灵过渡行为及其功能描述见表 6.3。

表 6.3　常用的精灵过渡行为及其功能描述

行　为　名	功　能　描　述
Barn Door（开门）	产生开门、关门的效果。 参数说明：Duration 为持续时间，Direction 为方向（垂直或水平）
Pixelate（像素化）	产生清晰度改变的效果
Slide（滑动）	产生推入和推出的效果。 参数说明：Duration 为持续时间，Direction 为方向（垂直或水平）
Soft Edge Wipe（虚边划变）	产生柔边展现或擦除的效果。 参数说明：Duration 为持续时间，Direction 为方向（垂直或水平），Blend Width 为混合宽度
Stretch（伸展）	产生展开或压缩的效果。 参数说明：Duration 为持续时间，Direction 为方向（垂直或水平）
Wipe（擦除）	产生擦除效果。 参数说明：Duration 为持续时间，Direction 为方向（垂直或水平）

【例 6.7】　利用精灵过渡行为设计和制作自动图片播放器。效果要求：使用表 6.3 中列出的常用精灵过渡行为切换图片。

〖设计步骤〗

（1）新建一个影片，设置舞台大小为 512×288px。导入素材 pic1.jpg～pic6.jpg。

（2）设置默认精灵跨度为 5 帧，依次拖动演员表中的演员 pic1～pic6 到通道 1 中生成精灵，每个精灵使用 5 帧，共 30 帧。

（3）播放头控制。双击脚本通道第 30 帧，添加脚本 go to frame 1，使影片从头循环播放。

（4）添加精灵过渡行为。在 Library 面板中，展开 Animation→Sprite Transitions 行为库，分别拖动 Barn Door、Pixelate、Slide、Soft Edge Wipe、Stretch 和 Wipe 等行为到通道 1 中演员 pic1～pic6 对应的精灵上，创建行为实例，行为属性对话框全部使用默认设置。剧本分镜窗的最终编排如图 6.31 所示。

（5）为了便于理解剧本分镜窗的编排，改用中文命名演员表中的精灵过渡行为演员，如图 6.32 所示。

图 6.31 剧本分镜窗的最终编排

图 6.32 演员表内容

（6）设置播放速度为 5fps，播放影片，可以看到，图片以设置的过渡方式进行切换。

（7）源文件保存为 sy6_7.dir，并发布为 sy6_7.exe。

3. 自动化

在 Library 面板中展开 Animation→Automatic（自动化）行为库，如图 6.33 所示。

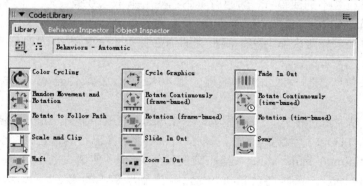

图 6.33 自动化行为库

常用的自动化行为及其功能描述见表 6.4。

表 6.4 常用的自动化行为及其功能描述

行 为 名	功 能 描 述
Color Cycling（颜色循环）	使精灵循环变色
Circle Graphics（循环图像）	循环显示演员表中的图像演员
Fade In Out（淡入、淡出）	产生淡入或淡出的效果
Random Movement and Rotation（随机移动和旋转）	使精灵随机移动和旋转
Rotate Continuously (frame-based)（连续旋转 基于帧）	使精灵每帧旋转一定的角度

续表

行 为 名	功 能 描 述
Rotate Continuously (time-based)（连续旋转 基于时间）	使精灵以一定的速度（时间间隔）旋转
Rotation (frame-based)（旋转 基于帧）	使精灵在指定的帧内旋转一定的角度
Rotation (time-based)（旋转 基于时间）	使精灵在指定的时间内旋转一定的角度
Rotate to Follow Path（随路径旋转）	使精灵跟随运动轨迹旋转
Sway（摆动）	使精灵往复摆动
Waft（飘动）	使精灵随机飘动
Zoom In Out（变焦缩小与放大）	变焦，使精灵缩小、放大

【例 6.8】 利用自动化行为实现图片渐变及文字变焦特效。

〖设计分析〗

淡入就是使精灵的不透明度从小逐渐变大，淡出则反之；变焦就是把对象拉近或推远，产生放大或缩小的效果。为了使图片产生淡入与淡出的效果，需要使用同一个演员在舞台上生成两个精灵。同样，为了使文字经过变焦产生放大与缩小的效果，也要有两个精灵。

〖设计步骤〗

（1）新建一个影片，设置舞台大小为 512×288px。导入素材 pic.jpg。

（2）打开文本编辑窗口，输入"Director 渐变与变焦"，创建文本演员。

（3）拖动演员表中的演员 pic 到通道 1 中，使用第 1～20 帧，再次拖动演员 pic 到通道 1 中，使用第 21～40 帧。

（4）同样方法，分两次拖动文本演员到通道 2 的第 1～20 帧和第 21～40 帧中，均设置为背景透明。

（5）播放头停留控制。双击脚本通道的第 40 帧，添加脚本 go to the frame，使播放头停留。

（6）为 pic 精灵添加淡入、淡出行为。在 Library 面板中展开 Animation→Automatic 行为库，拖动 Fade In Out 行为到通道 1 的第 1～20 帧上，弹出行为属性对话框，设置 Fade in or out 为 In，Minimun Fade Value（最小渐变值）为 20，使精灵的不透明度从 20%渐变到 100%，如图 6.34 所示。再次拖动 Fade In Ou 行为到通道 1 的第 21～40 帧上，弹出行为属性对话框，设置 Fade in or out 为 Out，Minimun Fade Value 为 20，使精灵的不透明度从 100%渐变到 20%。

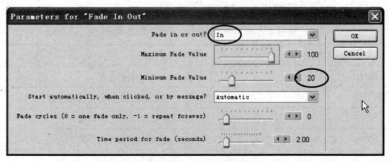

图 6.34 设置 Fade In Out 行为属性

（7）为文本精灵添加变焦缩小与放大行为。拖动 Zoom In Out 行为到通道 2 的第 1～20 帧上，弹出行为属性对话框，设置 Zoom in or out 为 In，使精灵从小逐渐变大，其他使用默认设置，如图 6.35 所示。再次拖动 Zoom In Out 行为到通道 2 的第 21～40 帧上，设置 Zoom in or out 为 Out，使精灵从大逐渐变小。

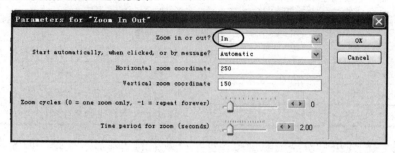

图 6.35　设置 Zoom In Ou 行为属性

（8）播放影片，效果如图 6.36 所示。

图 6.36　图片渐变及文字变焦特效

（9）源文件保存为 sy6_8.dir，并发布为 sy6_8.exe。

6.3.3　文本

在 Library 面板中展开 Text（文本）行为库，如图 6.37 所示。

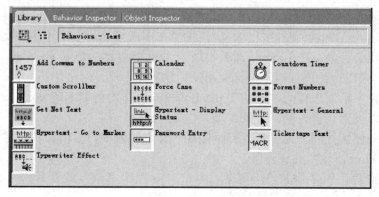

图 6.37　文本行为库

常用的文本行为及其功能描述见表 6.5。

表 6.5　常用的文本行为及其功能描述

行　为　名	功　能　描　述
Add Commas to Numbers（在数字中添加逗号）	给包含多位的数字中自动添加逗号
Calendar（日历）	利用文本演员创建日历
Format Numbers（强制大小写）	把在域文本框内输入的文本强制转变为大写或小写
Password Entry（密码输入）	把在域文本框内输入的文本转变为密码字符
Tickertape Text（滚动文本）	在域文本框或文本框内水平方向上滚动文本
Typewriter Effect（打字机效果）	在域文本框或文本框内缓慢地显示文本，类似打字机效果

【例 6.9】　　创建按月份显示的日历和打字机效果的文本显示动画，如图 6.38 所示。

图 6.38　月历和打字机效果的文本显示动画

〖设计分析〗

日历的显示需要文本演员，打字机效果的文本显示动画也需要文本演员。本例需要创建两个文本演员。

〖设计步骤〗

（1）新建一个影片，设置舞台大小为 500×250px。

（2）创建文本演员。使用工具面板中的文本工具 A，在舞台上绘制一个文本区域，生成文本精灵 Sprite 1（使用通道 1），并为其设置背景色，作为日历背景。在舞台上再绘制一个文本区域，输入"Director 打字机效果"，生成文本精灵 Sprite 2（使用通道 2）。

（3）添加日历行为。在 Library 面板中展开 Text 行为库，拖动 Calendar 行为到文本精灵 Sprite 1 上，弹出行为属性对话框，使用默认设置。

（4）添加打字机效果行为。拖动 Typewriter Effect 行为到文本精灵 Sprite 2 上，弹出属性对话框，可以设置显示速度、背景声等。

（5）播放头停留控制。为了观察到缓慢显示文本的效果，双击脚本通道第 1 帧，添加脚本 go to the frame，使播放头停留。

（6）播放影片，所显示的日历可通过单击"<<"和">>"改变月份，文字"Director 打字机效果"逐个出现，产生打字机动画效果。

（7）源文件保存为 sy6_9.dir，并发布为 sy6_9.exe。

6.3.4　控件

在 Library 面板中展开 Controls（控件）行为库，如图 6.39 所示。

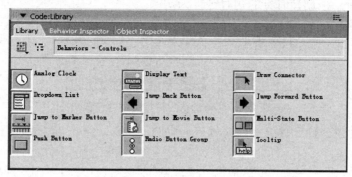

图 6.39　控件行为库

常用的控件行为及其功能描述见表 6.6。

表 6.6　常用的控件行为及其功能描述

行　为　名	功　能　描　述
Analog Clock（仿时钟）	把一个矢量图形变成钟表的秒、分和时指针
Dropdown List（下拉列表）	由域文本创建一个下拉列表
Radio Button Group（单选钮组）	把多个单选钮组合在一起

Analog Clock 行为和 Radio Button Group 行为应用较多，下面介绍这两个行为的应用实例。

【例 6.10】　设计一个与计算机时间同步运行的指针式时钟，运行效果如图 6.40 所示。

〖设计分析〗

指针式时钟有时、分、秒三根指针，可用 Analog Click 行为使它们与计算机时间同步。

〖设计步骤〗

（1）新建一个影片，设置舞台大小为 300×300px。导入素材 flash1.swf（表盘动画）和 pic1.psd（注册点）。

（2）绘制指针演员。参考例 6.2，在 Vector Shape 窗口中使用钢笔工具和箭头工具绘制时针、分针和秒针，并填充不同颜色。使用注册点工具设置注册点在各个指针的底部作

图 6.40　指针式时钟

为旋转中心。在演员表中修改时针演员名称为 h，分针演员名称为 m，秒针演员名称为 s。

（3）拖动演员表中的表盘演员 flash1 到通道 1 中，使用第 1～10 帧。拖动注册点演员 pic 到通道 5 中，使用第 1～10 帧。并调整它们在舞台上的位置。

（4）分别拖动演员 h、m 和 s 到通道 2、3 和 4（第 1～10 帧）中，调整舞台上对应的时针、分针、秒针精灵的大小和位置，并设置为背景透明。

（5）播放头停留控制。双击脚本通道第 10 帧，添加脚本 go to the frame，使播放头停留。

（6）添加行为。在 Library 面板中展开 Controls 行为库，拖动 Analog Clock 行为到舞台的时针精灵上，弹出行为属性对话框，设置 Line Behaves as（线性行为）为 Hour hand（时针），如图 6.41 所示，创建时针的仿时钟行为实例。

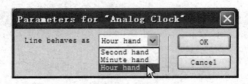

图 6.41　时针的仿时钟行为属性设置

同样方法，创建分针和秒针的仿时钟行为实例，Line Behaves as 分别设置为 Minute hand 和 Second hand。

（7）播放影片，时、分、秒三根指针立即同步到当前计算机时间对应的位置，并开始运转。

（8）源文件保存为 sy6_10.dir，并发布为 sy6_10.exe。

图 6.42　单项选择对话界面

【例 6.11】　使用单选钮组，设计单项选择对话界面，如图 6.42 所示。

〖设计分析〗

当影片播放时，要实现交互操作，等待选择某个单选钮，需要控制播放头停留。要使多个单选钮只允许选中一个，需要将它们关联成单选钮组。

〖设计步骤〗

（1）新建一个影片，设置舞台大小为 300×200px。

（2）创建演员。

① 在舞台上绘制一个文本区域，输入"请选择：Director 是_____软件。"

② 在舞台上绘制 4 个单选钮，单选钮文本分别为"文字处理"、"多媒体创作"、"图像处理"和"动画处理"，在演员表中分别命名为 answer1、answer2、answer3 和 answer4。

③ 在舞台上绘制一个按钮，按钮文本为"答案"。

（3）播放头停留控制。双击脚本通道第 1 帧，添加脚本 go to the frame，使播放头停留。

（4）添加单选钮组行为。在 Library 面板中展开 Controls 行为库，分别拖动 Radio Button Group 行为到舞台 4 个单选钮精灵上，弹出行为属性对话框。ID string for the radio button group 框用于设置单选钮所属组的组名，只有组名相同的单选钮相互之间才能关联，互相制约。本例中将 4 个单选钮所属组的组名均设置为 RG1，如图 6.43 所示，创建单选钮组行为实例。

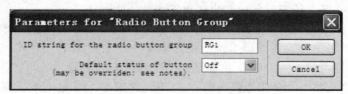

图 6.43　单选钮组行为属性设置

（5）播放影片，4个单选钮只能选中一个。

（6）源文件保存为 sy6_11.dir，并发布为 sy6_11.exe。

〖能力提高〗

本例可以通过添加按钮演员脚本提示答案是否正确，例如，图 6.42 中第 2 项是正确的，脚本如下：

```
on mouseUp me
  if member("answer2").hilite = True then
    alert "选择正确！"
  else
    alert "选择错误！"
  end if
end
```

脚本中，alert 表示弹出提示框。

单击"答案"按钮，若选中的是第 2 个单选钮，则弹出选择正确提示框；若选中的是其他单选钮，则弹出选择错误提示框，如图 6.44 所示。

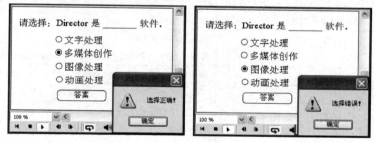

图 6.44　答案提示效果

6.3.5　3D

3D（动画）行为分为 Triggers（触发器）和 Actions（动作）行为。触发器行为库（部分）如图 6.45（a）所示，动作行为库（部分）如图 6.45（b）所示。

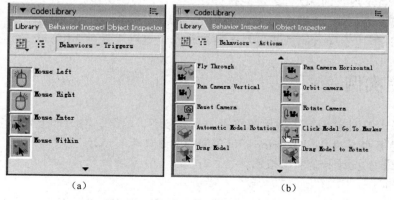

（a）　　　　　　　　　　（b）

图 6.45　触发器和动作行为库（部分）

触发器行为的功能是当某个动作（如单击）发生时，触发器将向系统发出信号，从而引起指定的 3D 动作的执行，如自动旋转所选部件。

常用的触发器行为及其功能描述见表 6.7。

表 6.7　常用的触发器行为及其功能描述

行　为　名	功　能　描　述
Mouse Left（鼠标左键）	单击鼠标左键触发一个行为。 说明：需要在一个精灵上已创建动作行为实例
Mouse Right（鼠标右键）	单击鼠标右键触发一个行为。 说明：需要在一个精灵上已创建动作行为实例
Mouse Enter（鼠标经过）/Mouse Within（鼠标进入）	鼠标经过/进入精灵有效区域触发一个行为 说明：需要在一个精灵上已创建动作行为实例

常用的动作行为及其功能描述见表 6.8。

表 6.8　常用的动作行为及其功能描述

行　为　名	功　能　描　述
Automatic Model Rotation（模型自动旋转）	模型自动旋转。
Drag Model（拖动模型）	用鼠标拖动 3D 模型。 说明：需要一个触发器行为（如 Mouse Left 行为）
Drag Model to Rotate（拖动使模型旋转）	用鼠标拖动 3D 模型，使其绕指定的 X、Y、Z 轴旋转。 说明：需要一个触发器行为（如 Mouse Left 行为）
Create Particle System（创建粒子系统）	创建一个粒子系统。 参数说明： How many Particles 为粒子数量； What is the lifetime a Particle 为粒子寿命； What is the starting size of a Particles 为开始尺寸； What is the final size of a Particles 为粒子寿终尺寸； What is the angle of the emission 为发射角度

使用 Director 内置的 3D 行为，能执行许多基本的 3D 操作。更复杂的 3D 操作，需要使用 Lingo 或者 JavaScript 脚本实现。

3D 行为只能用于导入的扩展名为.w3d 的演员，这种文件由 3ds max 软件创建。

6.4　应用实例

在具有交互功能的影片中使用的按钮应具有按下、松开、滑过和无效等多个状态，这会给作品增色不少。对此，Director 提供了简便的制作工具。

【例 6.12】　设计一个多态按钮。

〖设计分析〗

如果希望多态按钮具有 n 个状态，则需要 n 张不同的状态图。使用 Push Button 行为创建多态按钮。

〖设计步骤〗

（1）新建一个影片，设置舞台大小为 320×240px。导入按钮素材 01.png～04.png。

（2）拖动按钮演员 01 到通道 1 中，在舞台上生成精灵 Sprite 1，调整其大小和位置。

（3）创建多态按钮。在 Library 面板中展开 Controls 行为库，拖动 Push Button 行为到精灵 Sprite 1 上，弹出行为属性对话框，如图 6.46 所示。GRAPHICS 栏从上到下分别用于设置按钮标准状态、鼠标经过状态、鼠标按下状态和按钮无效状态对应的演员；INTERACTION 栏中从上到下分别用于设置按钮的初始化状态（激活或无效）、按钮精灵响应鼠标事件的方式、产生的 mouseUp 事件的消息传递方式；最后一个文本框用于输入按钮的说明文字。

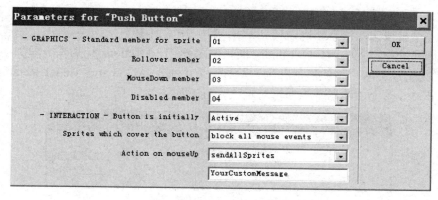

图 6.46　Push Button 行为属性设置

本例的按钮状态图按照上述 4 个状态依次排列在演员表中，因此直接取默认值即可。

（4）播放影片，按钮的原始状态如图 6.47（a）所示；把鼠标移到按钮上，按钮状态如图 6.47（b）所示；在按钮上单击，按钮状态如图 6.47（c）所示。

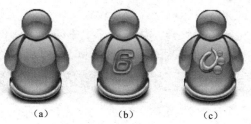

（a）　　　　　（b）　　　　　（c）

图 6.47　多态按钮效果

如果设置按钮的初始化状态为无效，按钮将不会响应所有鼠标事件，要激活它，则需要编写 Lingo 脚本。

（5）源文件保存为 sy6_12.dir，并发布为 sy6_12.exe。

下面介绍一个较精彩的 3D 行为应用实例。

【例 6.13】　使用行为控制 3D 演员动画。要求：单击相应的按钮，实现 3D 对象的自动旋转、拖动、拖动旋转和发射粒子效果。

〖设计步骤〗

（1）新建一个影片，设置舞台大小为512×288px，背景色为黑色。导入素材3dsmax.w3d。

（2）设置默认精灵跨度为5帧，分5次拖动演员表中的演员3dsmax到通道1中，起始帧分别为第1、6、11、16和21帧，并调整舞台上各精灵的大小和位置。

（3）创建按钮演员。在舞台上绘制4个按钮，分别输入按钮文本"自动旋转"、"拖动"、"拖动旋转"和"发射粒子"。将4个按钮分别放置到通道2～5（第1～25帧）中。

（4）播放头停留控制。双击脚本通道第1帧，添加脚本go to the frame，使播放头停留，创建帧脚本演员。然后将该帧脚本演员分别拖放到脚本通道的第6、11、16、21帧处。

（5）添加跳转控制。在演员表中，分别右击"自动旋转"、"拖动"、"拖动旋转"和"发射粒子"按钮演员，弹出快捷菜单，选择Cast Member Script命令，打开演员脚本编辑窗口，在mouseUp事件过程中分别添加脚本go frame 6、go frame 11、go frame 16和go frame 21，其功能是，单击按钮，将会分别跳转到第6、11、16、21帧。

（6）创建动作行为实例。在Library面板中展开3D→Actions行为库，添加动作行为。

① 为"自动旋转"按钮添加行为。从行为库中拖动Automatic Model Rotation行为到通道1第6～10帧上，弹出行为属性对话框，设置如图6.48所示。

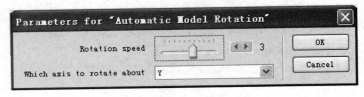

图6.48　设置模型自动旋转行为属性

② 为"拖动"按钮添加行为。从行为库中拖动Drag Model行为到通道1第11～15帧上，弹出行为属性对话框，按默认设置。

③ 为"拖动旋转"按钮添加行为。从行为库中拖动Drag Model to Rotate行为到通道1第16～20帧上，弹出行为属性对话框，按默认设置。

④ 为"发射粒子"按钮添加行为。从行为库中拖动Create Particle System行为到通道1第21～25帧上，弹出行为属性对话框，设置如图6.49所示。

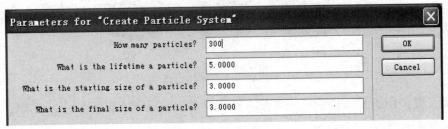

图6.49　设置创建粒子系统行为属性

（7）创建Triggers行为实例。在Library面板中展开3D→Triggers行为库，添加触发器行为。

① 创建触发鼠标左键行为的事件。分别拖动Mouse Left行为到通道1的第11～15帧

和第 16～20 帧上，行为属性对话框按默认设置，为 Drag Model 和 Drag Model to Rotate 行为实例添加触发鼠标左键行为的事件。

② 创建触发鼠标经过行为的事件。拖动 Mouse Within 行为到通道 1 的第 21～25 帧上，行为属性对话框按默认设置，为 Create Particle System 行为实例添加触发鼠标经过行为的事件。

剧本分镜窗和演员表如图 6.50 所示。

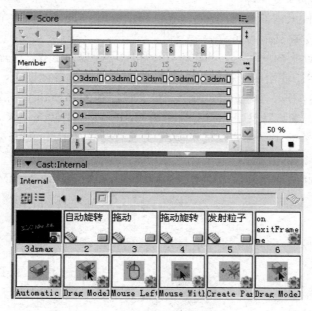

图 6.50　剧本分镜窗和演员表

（8）播放影片，单击"自动旋转"按钮，播放头跳到第 6 帧，3D 文字开始自动旋转；单击"拖动"按钮，播放头跳到第 11 帧，此时可用鼠标拖动 3D 文字；单击"拖动旋转"按钮，播放头跳到第 16 帧，此时可用鼠标拖动旋转 3D 文字；单击"发射粒子"按钮，播放头跳到第 21 帧，鼠标移到 3D 文字上，将产生粒子发射效果。效果如图 6.51 所示。

　　　　（a）　　　　　　　　　　　（b）　　　　　　　　　　　（c）

图 6.51　"自动旋转"、"拖动旋转"和"发射粒子"效果

（9）源文件保存为 sy6_13.dir，并发布为 sy6_13.exe。

注意：如果用户只给 3D 文本精灵添加了上述 4 个行为实例，而没有创建用于触发行为的事件，则只能看到模型自动旋转效果，其他 3 个按钮无反应。因为模型自动旋转效果默认自动触发。

6.5 上机实践

1．使用 t6-1 文件夹内的素材，设计和制作具有图片切换效果的电子相册，通过"前一张"、"下一张"、"第一张"和"最后一张"这 4 个按钮，可以浏览所有的照片，源文件保存为 t6_1.dir，并发布为 t6_1.exe。

2．使用 t6-2 文件夹内的素材，应用 Circle Graphics 行为，制作一个海底世界影片，源文件保存为 t6_2.dir，并发布为 t6_2.exe。

3．使用 t6-3 文件夹内的素材，制作设计一个七巧板智力游戏，窗体上方为两个跳转按钮和七巧板拼图图案，使用跳转按钮可以改变拼图图案；用鼠标拖动、旋转七巧板原图，在窗体下方拼成指定图形，如图 6.52 所示。源文件保存为 t6_3.dir，并发布为 t6_3.exe。

提示：① 拼图图案跳转使用导航行为中的 Go Previous Button 和 Go Next Button 行为。

② 七巧板原图移动、旋转可以使用动画-交互行为中的 Draggable 和 Drag to Rotate 行为或 Move, Rotate and Scale 行为。

③ 如果要用鼠标右键进行控制，可将 mouseDown 事件改为 rightMouseDown 事件。

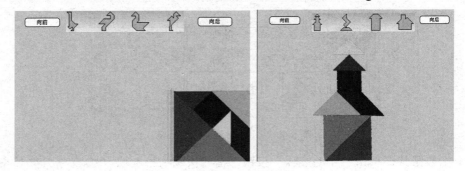

图 6.52　七巧板智力游戏图

4．使用 t6-4 文件夹内的素材，制作一个用鼠标控制卡通人物移动的影片。效果要求：单击"向左"按钮，卡通人物向左移动；单击"向右"按钮，卡通人物向右移动。鼠标移到按钮上时，会改变光标形状，鼠标离开按钮后，光标形状还原。源文件保存为 t6_4.dir，并发布为 t6_4.exe。

提示：精灵在舞台上的水平位置由属性 locH 指定。当 locH 值减小时，精灵向舞台左边移动；增大时，向舞台右边移动。只要在 mouseDown 事件过程内使用脚本 sprite(1).locH=sprite(1).locH-5，就可以使位于通道 1 上的精灵向左移动 5 个单位。

类似地，属性 locV 用于设置精灵在舞台上的垂直位置。

5．使用 t6-5 文件夹内的素材，应用控件和文本行为，设计一个与计算机时间同步运行的指针式时钟和日历组合于一体的电子台历，如图 6.53 所示。源文件保存为 t6_5.dir，并发布为 t6_5.exe。

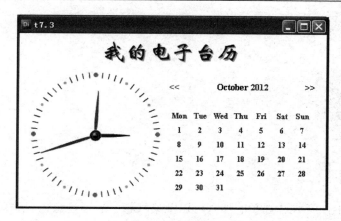

图 6.53 电子台历

6. 使用 t6-6 文件夹内的素材 t.w3d，完成具有模型自动旋转、拖动使模型旋转和创建粒子系统效果的影片。源文件保存为 t6_6.dir，并发布为 t6_6.exe。

7. 使用 t6-7 文件夹内的素材，制作飞舞的蜜蜂胶片环动画，利用 Random Movement and Rotation 行为来模拟蜜蜂的随机飞舞。源文件保存为 t6_7.dir，并发布为 t6_7.exe。

提示：需要设置精灵在舞台上的活动范围、运动速度以及是否旋转等。

第7章

媒体使用

多媒体作品中，音频、视频的加入可以渲染气氛、吸引注意力、强化效果。普通的多媒体开发软件无法实现多个声音通道的同时播放，Director 能同时播放 8 个声音通道，采用 Lingo 或 JavaScript 脚本的方式，不但可以实现多个音频文件的循环播放，还可以调节音量。

由于音频、视频文件通常比较大，需要占用较多的计算机系统资源，在载入的过程中往往会花费较长的时间，甚至会破坏多媒体作品的播放效果。因此，在选择音频、视频文件时必须考虑这些因素。

本章要点：
◇ 掌握音频的使用。
◇ 掌握视频的使用。
◇ 掌握 Flash 动画的使用。

7.1 音频的使用

7.1.1 音频使用基础

1. Director 音频使用基础

Director 能控制什么时候开始和停止播放音频，以及控制音频的持续时间、品质和音量等。使用 Director 的媒体同步功能，可以使影片中的事件与嵌入的音频精确同步。

脚本为 Director 提供了更强的控制音频播放能力。使用 Lingo 或者 JavaScript 脚本，可以实现以下各项功能：① 打开或者关闭音频；② 控制音量；③ 相对一个 QuickTime VR 影片的镜头摇动，控制音频的平衡；④ 控制一个 Windows Media Audio 文件中音频的播放；⑤ 将音频预载入内存，使多个音频排队等待，以及定义精确的循环；⑥ 使音频和动画同步。

使用音频将对计算机的处理能力提出了更高的要求，因而需要谨慎地处理音频，以确信它们不会对影片的性能产生负面的影响。

2. 音频文件类型

Director 本身不是专业的音频处理软件，它不能创建和编辑音频文件。但是，Director 支持多种格式的音频文件，常用的音频文件有以下几种。

（1）WAV 文件。WAV（Wave File Format，波形文件格式）是 Windows 支持的音频文

件标准格式，是计算机系统中应用最为广泛的一种音频文件格式，其文件扩展名为.wav。由于没有采用任何压缩算法，因此音频保真度高，音质佳。但是 WAV 文件所需的容量相当可观，这是它的主要缺点。

（2）MP3 文件。MP3（MPEG Audio Layer 3）是目前非常流行的音频文件格式，实际上是一种压缩方式。MP3 文件是按照 MPEG 标准进行音频压缩技术制作的数字音频文件，将原始音频文件按 1：10 或更高的压缩比压缩成容量较小的文件，而且音质没有太多的损失。因此，MP3 文件得到了广泛用户的认可，其文件扩展名有.mp3、.m3u。

（3）MIDI 文件。MIDI（Musical Instrument Digital Interface，乐器数字接口）技术的作用就是使电子乐器与计算机之间通过一种通用的协议进行通信。MIDI 文件不像 WAV 文件那样需要采样、编码、量化等数字化过程，它记录的是音频所描述的信息，如要演奏的音符、长度等。其特点是文件小、音质好，文件扩展名有.mid、.midi 和.rmi。

（4）AIFF 文件。AIFF（Audio Interchange File Format，音频交换文件格式）是在多媒体中广泛采用的音频文件格式标准，其音质接近 CD，文件扩展名有.aif、.aifc 和.aiff。其特点是通用性好，能够广泛适用于多种工作平台，如 Windows 和 macOS 等。它不支持压缩。

（5）WMA 文件。WMA（Windows Media Audio）是微软公司推出的一种音频格式。WMA 在压缩比和音质方面都超过了 MP3，即使在较低的采样（频）率下也能产生较好的音质，其文件扩展名有.wma、.wax。

（6）SWA 文件。SWA（Shockwave Audio，Shockwave 音频）是流行于 Internet 的音频格式。其特点是能够以高比率压缩音频文件，从而创建出比其他格式音频文件更小的音频文件。

7.1.2　Director 中的声音演员

1. 声音演员的类型

每种类型的音频文件都有各自的优势，它们适用于不同的情形。按照音频文件在 Director 中的不同调用方法，可以将声音演员分为内部声音演员和外部声音演员两大类。

内部声音演员所有的音频数据存储在 Director 影片内。在播放之前，将音频全部载入内存，当一个内部的音频被载入之后，它可以非常快地播放。提示音、按钮音效等在影片中需要经常重复使用的、较短的音频，非常适合以内部声音演员的方式导入。

外部声音演员采用链接方式，Director 影片中不存储链接的外部音频文件中的音频数据，而只保存有关这个音频文件位置的引用，每次开始播放时，才会导入对应的音频数据。

对外部声音演员，Director 采用边播放边加载的流式传输方式，使得导入的音频占用较少的内存。在音频开始播放之后，Director 利用计算机 CPU 的闲暇时间，继续从源文件处（本地磁盘或 Internet）导入音频数据。这可以非常显著地改善大容量音频文件的下载性能。外部声音演员比较适合需要大容量的音频，例如，画外音或者非重复性的长段音乐。

为了在 Director 中使导入音频达到最好的效果，应该使用位深为 8bit 或者 16bit，采样率为 44.1kHz、22.05kHz、11.025kHz 的音频。

2. 导入声音演员

（1）选择"File | Import"菜单命令，打开 Import Files into 'Internal'对话框，选择要导入的音频文件。

（2）指定文件的导入方式。在 Media 下拉列表中指定文件的导入方式，即选择要导入的声音演员的类型，如图 7.1 所示。

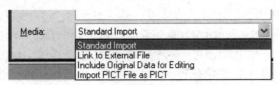

图 7.1　选择声音演员的类型

① Standard Import：标准导入，这是 Director 默认的导入方式，使所选择的音频文件成为内部声音演员，并与原始文件脱离关系。

② Link to External File：链接到外部文件，使所选择的音频文件成为链接的外部声音演员。这种导入方式可以减小 Director 文件的体积，但是外部音频文件的修改会影响影片的内容。

③ Include Original Data for Editing：包含可用于编辑的原始数据。这样，可在 Director 中启动外部编辑器来编辑音频文件。

④ Import PICT File as PICT：防止 Director 将 PICT 文件错误地转换成位图文件。

当音频文件被导入后，无论是内部声音演员，还是链接的外部声音演员，都以相同的标记出现在演员表中。

3. 音频控制

Director 对音频的控制是通过声音通道实现的。Director 提供了 8 个声音通道，它们可以同时播放。在剧本分镜窗的特效通道中，可视的声音通道只有 2 个，其余的 6 个声音通道只能通过 Lingo 或 JavaScript 脚本的方式访问。

图 7.2　Sound 选项卡

在声音通道中控制声音演员也采用所见即所得的方式。将声音演员拖放到两个声音通道之一中，然后调节该音频的起始帧、结束帧，以及持续时间。默认情况下，播放头一进入包含音频的帧，就会自动播放该音频，到音频的结尾处就会停止播放。

要实现循环播放，可在该声音演员的属性检查器的 Sound 选项卡中勾选 Loop 复选框，如图 7.2 所示。在该对话框中还会显示音频的持续时间（Duration）、采样率（Sample Rate）、位深（Bit Depth）等信息。

若使用 Lingo 或 JavaScript 脚本控制音频，只有在影片播放时才能观测到控制效果，这将在第 8 章中介绍。

7.1.3　音频的压缩转换

Shockwave 音频（SWA）文件具有高压缩比的强大优势，能够创建出比其他音频格式更小的音频文件。其优点是能给文件瘦身，缺点是音质会变差。

下面通过一个实例说明使用 Xtras 技术将较大的 WAV 文件压缩转换成 SWA 文件的过程。

所谓 Xtras 技术，就是提供开放的接口以扩充 Director 的功能，提升对周边相关软硬件的支持，弥补不足之处。

【例 7.1】　将 WAV 文件转换为 SWA 文件。

〖设计步骤〗

（1）启动 Director，新建一个影片。

（2）选择 "Xtras | Convert WAV to SWA" 菜单命令，打开的对话框如图 7.3 所示。单击 "Add Files" 按钮，选择需要转换的 WAV 文件。

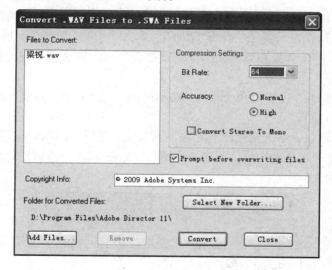

图 7.3　WAV 文件转换为 SWA 文件

（3）单击 "Select New Folder" 按钮，指定转换后的 SWA 文件的存放位置。

（4）单击 "Convert" 按钮，完成音频格式的转换。

转换后 SWA 文件与 WAV 文件的大小对比，如图 7.4 所示。

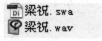
梁祝.swa　　　　　454 KB　Adobe Director Shockwave Audio
梁祝.wav　　　　　2,489 KB　WAV 音频

图 7.4　SWA 文件与 WAV 文件的大小对比

7.1.4　音频应用实例

【例 7.2】　制作一个舞蹈动画，舞者在音乐伴奏下翩翩起舞，可以单击场景上的文字，改变伴奏的乐曲，效果如图 7.5 所示。

图 7.5　舞蹈动画

〖设计分析〗

假设伴奏的乐曲有两支，可将舞蹈动画分为两个场景，场景 1 是舞者在乐曲 1 的伴奏下舞蹈，场景 2 是舞者在乐曲 2 的伴奏下舞蹈。单击"乐曲 1"跳转到场景 1，单击"乐曲 2"跳转到场景 2。由于背景和舞者在两个场景都会出现，因而可将它们构成一个胶片环。

〖设计步骤〗

（1）新建一个影片，设置舞台大小为 480×360px。导入素材：舞蹈.gif、background.jpg、song1.mp3、song2.mp3。

（2）创建文本演员。单击常用工具栏中的 **A** 按钮，打开文本编辑窗口，输入"乐曲 1"，设置字号为 24，文字颜色为红色，创建文本演员"乐曲 1"。同样方法，创建文本演员"乐曲 2"。演员表如图 7.6 所示。

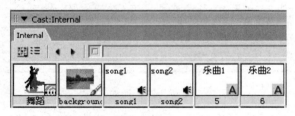

图 7.6　演员表

（3）创建胶片环演员。

① 拖动演员 background 到通道 1 的第 1～40 帧，生成精灵 Sprite 1，设置精灵大小为 480×360px。

② 拖动演员"舞蹈"到通道 2 的第 1～40 帧，生成精灵 Sprite 2，设置精灵大小为 100×120px，背景透明。

③ 打开控制面板，将播放速度设置为 5fps。选择"Control | Real.Time Recording"菜单命令，进入实时录制状态，按自己设想好的路径在舞台上拖动精灵 Sprite 2，录制舞蹈动画，至第 40 帧结束（如果这里结束帧的位置与通道 1 的有差异，则调整通道 1 中结束帧的位置），如图 7.7 所示。

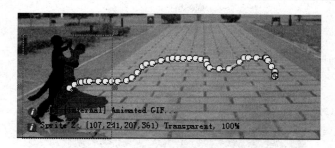

图 7.7　录制舞蹈动画

④ 同时选中通道 1 和通道 2 中的所有精灵，选择 "Insert | Film Loop" 菜单命令，在演员表中创建胶片环演员。胶片环演员制作完成后，清除通道 1 和通道 2 中的所有精灵。

（4）拖动胶片环演员至通道 1 的第 1～20 帧，作为场景 1；再次拖动胶片环演员至通道 1 的第 21～40 帧，作为场景 2。

（5）分别拖动文本演员 "乐曲 1" 和 "乐曲 2" 至通道 2 和通道 3 的第 1～40 帧，调整其位置及大小，设置为背景透明。然后，分别拖动演员 song1 和 song2 至声音通道 1 的第 1～20 帧和第 21～40 帧。

（6）乐曲播放控制。右击通道 2 中文本精灵 "乐曲 1" 所在的帧（第 1～40 帧），在弹出的快捷菜单中选择 Script 命令，打开脚本编辑窗口，在 mouseUp 事件过程内输入 go to frame 1，使其跳转到第 1 帧，即场景 1，开始播放 song1。

同样方法，为文本精灵 "乐曲 2" 添加跳转脚本。由于 song2 在声音通道 1 中的起始帧为第 21 帧，因此需要输入脚本 go to frame 21，即跳转到场景 2，开始播放 song2。

（7）场景控制。分别双击脚本通道第 20 帧和第 40 帧，打开脚本编辑窗口，在 exitFrame 事件过程内输入 go to the frame，使播放头停留在所指定的场景中。

剧本分镜窗的最终编排如图 7.8 所示。

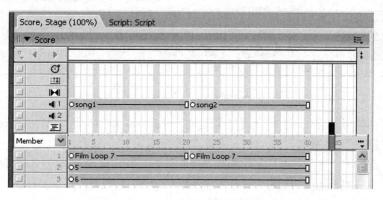

图 7.8　剧本分镜窗的最终编排

（8）播放影片，单击 "乐曲 1" 跳转到场景 1，单击 "乐曲 2" 跳转到场景 2。

（9）源文件保存为 sy7_2.dir，并发布为 sy7_2.exe。

【例 7.3】　设计和制作音频播放器，其具有播放、暂停和停止等功能，并且能够调节播放的音量和左右声道的平衡，如图 7.9 所示。

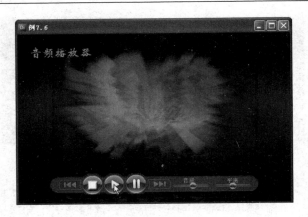

图 7.9　音频播放器

〖设计分析〗

音频播放器需要有播放、音量控制、进度显示等多个功能。Director 行为库提供的 Media（媒体）行为包括 Flash、QuickTime、RealMedia 和 Sound 行为。其中，Sound 行为提供了对音频的播放、暂停、停止，以及音量和左右声道平衡等的控制，使用声音通道和 Sound 行为可以实现简单的音频控制。

〖设计步骤〗

（1）新建一个影片，设置舞台大小为 530×340px。导入素材：pic1.jpg（背景）、pic2.jpg（控制条）和 b1.psd～b4.psd（按钮与滑块），以及音频文件 music.mp3。

（2）创建文本演员。打开文本编辑窗口，输入"音频播放器"，创建文本演员。演员表如图 7.10 所示。

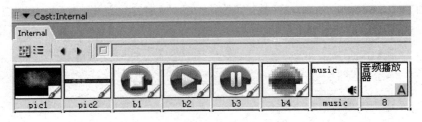

图 7.10　演员表

（3）分别拖动演员表中前 5 个演员至通道 1～5（第 1～10 帧）中，生成背景和控制条精灵，以及"停止"、"播放"和"暂停" 3 个按钮精灵。

（4）放置音量和平衡滑块。将滑块演员 b4 拖动 2 次，分别放于通道 7 和 9 中，均使用第 1～10 帧，生成音量滑块精灵和平衡滑块精灵。

（5）创建矩形演员。为了限制滑块的拖动范围，用工具面板中的矩形工具▢在舞台上绘制一个矩形，创建一个矩形演员，并调整舞台上矩形精灵的大小使之刚好覆盖音量滑块的拖动范围，该精灵位于通道 6，使用第 1～10 帧。再将此矩形演员拖放到通道 8 中，使用第 1～10 帧，作为平衡滑块的拖动范围，如图 7.11 所示。

图 7.11　使用矩形精灵限制滑块的拖动范围

（6）在通道 10 中放置文本演员"音频播放器"，使用第 1～10 帧，生成文本精灵。

（7）播放头停留控制。双击脚本通道第 1 帧，添加脚本 go to the frame，使播放头停留。

（8）添加控制行为。在 Library 面板中显示 Media→Sound 行为库。

① 声音播放控制。拖动 Play Sound 行为到舞台的"播放"按钮精灵上，其行为属性对话框设置如图 7.12 所示，在 Sound to play 下拉列表中选择声音演员 music，在 Sound channel 下拉列表中选择声音通道 1，在 When to play sound 下拉列表中选择播放声音的方法，这里设置为单击精灵时播放，在 Number of loops (0=forever)框中指定循环次数。

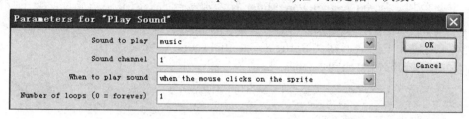

图 7.12　设置播放声音行为属性

② 声音停止控制。拖动 Stop Sound 行为到舞台的"停止"按钮精灵上，其行为属性对话框设置如图 7.13 所示，在 Sound channel 下拉列表中选择声音通道 1，在 When to stop sound 下拉列表中选择停止播放声音的方法，这里设置为单击精灵时停止。

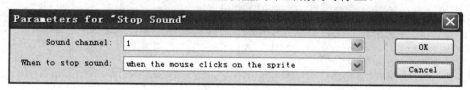

图 7.13　设置停止声音行为属性

③ 声音暂停控制。拖动 Pause Sound 行为到舞台的"暂停"按钮精灵上，其行为属性对话框设置如图 7.14 所示，使声音通道 1 暂停播放。

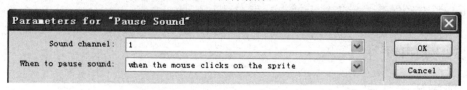

图 7.14　设置暂停声音行为属性

④ 音量控制。拖动 Channel Volume Slider 行为到舞台的音量滑块精灵上，弹出行为属性对话框，如图 7.15 所示。在 Sound channel 下拉列表中选择声音通道 1。在 Constraining sprite (0=the stage)下拉列表中选择用于限制音量滑块拖动范围的精灵，本例设置为 6，即使用通

道 6 中的矩形精灵 Sprite 6（对应演员表中的第 9 个演员）的宽度来表示音量范围；如果设置为 0，则使用舞台的宽度来表示音量范围。Initial sound volume 用于初始化音量大小，本例设置为 150。

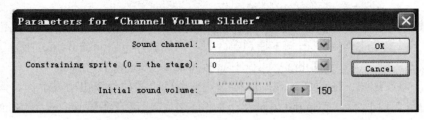

图 7.15　设置声音通道音量滑块行为属性

⑤ 平衡控制。拖动 Channel Pan Slider 行为到舞台的平衡滑块精灵上，弹出行为属性对话框，其中的设置与图 7.15 类似。本例设置 Sound channel 为 1，Constraining sprite (0=the stage)为 8（通道 8 中的矩形精灵 Sprite 8），Initial sound volume 为 0。

剧本分镜窗和演员表如图 7.16 所示。

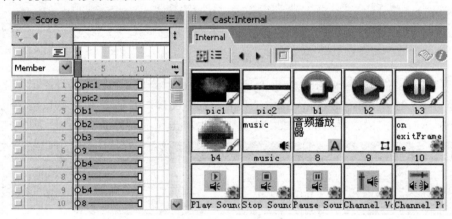

图 7.16　剧本分镜窗和演员表

（9）播放影片，测试"停止"、"播放"和"暂停"3 个按钮，以及音量滑块和平衡滑块的功能。

（10）源文件保存为 sy7_3.dir，并发布为 sy7_3.exe。

7.2　视频的使用

7.2.1　视频使用基础

1．视频基本概念

视频（Video）泛指将一系列静态影像以电信号方式进行捕捉、记录、处理、存储、传送与重现的各种技术。连续的画面变化每秒超过 24 帧以上时，根据视觉暂留原理，人眼无法辨别单幅的静态画面，看上去是平滑连续的视觉效果，这样连续的画面称为视频。

在视频中，一幅幅单独的图像称为帧（Frame），而每秒连续播放的帧数称为帧频，单位是帧/秒（记为 fps）。常见的帧频有 24 帧/秒、25 帧/秒和 30 帧/秒。

伴随着 CPU 速度的提高、存储容量的增大，通用计算机具备了采集、存储、编辑视频的能力。利用视频采集设备捕捉的视频源的数字化信息，称为数字视频信息。

在多媒体应用中使用视频，可增加真实感和现场感，与文字、图形、图像等表现形式相比有着它自身的优势。

2. 视频文件类型

Director 支持的视频文件类型说明如下。

（1）QuickTime 是 Apple 公司开发的一种音频、视频文件格式，用于保存音频和视频信息。它支持 25 位彩色，支持 RLE、JPEG 等压缩技术，提供 150 多种视频效果，能够通过 Internet 提供实时的数字化信息流、工作流与文件回放功能。此外，QuickTime 还采用了一种称为 QuickTime VR 的虚拟现实技术，用户通过鼠标或键盘的交互式控制，可以观察某一地点周围 360°的景象，或者从空间任何角度观察某一物体。

QuickTime 的跨平台特性、较小的存储空间要求、技术细节的独立性以及系统的高度开放性，使其成为数字媒体软件技术领域事实上的工业标准。常见的文件扩展名有.mov、.qt。

（2）RealMedia（RM）是 RealNetworks 公司制定的一种流式音频、视频压缩规范，主要用于在 Internet 上进行影像数据的实时传送和播放。RealMedia 主要包括三类文件：Real Audio、Real Video 和 Real Flash，常见的文件扩展名有.ra、.rm 和.rmvb。

（3）Windows Media 是微软公司制定的一种网络流媒体技术，其本质上跟 RealMedia 相同。其主要优点包括本地或网络回放、可扩充的媒体类型、部件下载以及扩展性等。常见的文件扩展名有.asf、.wmv、.wvx。

（4）AVI（Audio Video Interleaved）是由微软公司推出的一种数字音频、视频格式。AVI 格式允许音频和视频同步播放，支持 256 色和 RLE 压缩，但并未限定压缩标准。

AVI 文件调用方便、图像质量好，但缺点是文件体积过于庞大。AVI 文件目前主要应用在多媒体光盘上，用于保存影片、电视等各种影像信息，有时也出现在 Internet 上，供用户下载、欣赏新影片的精彩片断。

要在计算机上正常播放各类视频文件，在该计算机上必须安装相关的视频解码器。

7.2.2 Director 中的视频演员

1. 视频文件导入

由于视频文件一般都很大，因此，在引用视频素材文件时就应该考虑影片的体积。如果用到的视频片断不多，而且每个视频片断都不大，就可以把它们作为内部文件导入演员表中；如果用到的视频片断文件很大，就应该把它们作为外部文件引用。当视频文件作为 Director 影片的外部文件的引用后，必须保证它的存放目录与引用时的存放目录一致，否则，在打开或播放 Director 影片时，Director 将找不到外部视频文件。

通过演员导入对话框选择视频文件素材，若导入的视频文件类型为 AVI、FLC、FLI 等，单击"Import"按钮，会弹出"Select Format"对话框，如图 7.17 所示。该对话框询问是否需要把导入的 AVI 文件转换为另一种视频格式文件，例如，QuickTime 格式1，导入演员表。

需要指出的是，导入视频文件可能失败。即使选择了另一种视频格式，也不能保证转换一定能够成功。如果导入成功，能够从演员窗格中看到包含视频内容的演员缩略图，如果导入不成功，在窗格中没有视频内容。原始视频文件为 Brokk.avi，演员窗格 1 中 Brokk 为 AVI 格式，如图 7.18（a）所示；演员窗格 2 中演员 Brokk 未成功转换成 QuickTime 格式，如图 7.18（b）所示。产生的原因是系统中没有合适的解码器。

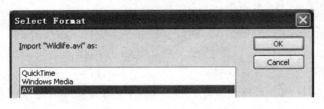
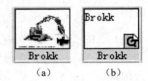

图 7.17　Select Format 对话框　　　　　　　图 7.18　视频文件导入对比

注意：可以利用视频格式转换工具事先将一种格式的视频转换成另一种格式，常用的视频格式转换软件是格式工厂。

2. 视频演员属性设置

当把所用到的视频文件导入演员表后，就可以在适当的位置播放它们。最简单的播放方法就是把它们从演员表中拖放到舞台上，并设置一定的精灵跨度。对视频精灵的基本控制，可在属性检查器的具体视频格式选项卡中设置实现，图 7.19 至图 7.21 所示为 3 种常用的视频格式选项卡。

图 7.19　AVI 选项卡　　　　图 7.20　QuickTime 选项卡　　　　图 7.21　Windows Media 选项卡

视频格式选项卡中常用的属性功能见表 7.1。

表 7.1 视频格式选项卡中常用的属性功能

属性选项名	功 能 描 述
Video	显示数字视频的视频部分，不勾选，则视频部分不能播放
Audio	播放数字视频的音频部分，不勾选，则音频部分不能播放
Paused	视频以暂停的状态出现在舞台上，不勾选，则自动播放视频
DTS	Direct to Stage，不载入内存，直接在舞台上播放视频（可提高播放速度，但占较多系统资源）
Preload	预先载入内存
Loop	从开始到结束循环播放数字视频
Streaming	在载入部分数字视频后就开始播放，并从它的源文件处继续载入
Playback	设置如何回放视频。Sync to Sound，将视频与音频同步；Play Every Frame (No Sound)，不播放其音频部分
Rate	设置视频播放的速度。Normal，以正常速度播放每帧；Maximum，快速播放；Fixed，使用指定速度播放视频

注意：勾选 DTS 复选框，可以对导入的视频文件提供最好的播放质量，并且忽略它本身所在的通道的限制，出现在所有其他精灵的最上面，也就是直接写屏。

3. 视频裁剪

裁剪一个数字视频就是修剪视频图像的边缘，所裁剪的部分并不丢失，只是被隐藏了。裁剪数字视频的方法：选择舞台上的视频精灵，如图 7.22（a）所示，在属性检查器的视频格式选项卡（如 AVI 选项卡）中，勾选 Framing 栏的 Crop 单选钮，调整舞台上视频精灵有效区域的大小，可以看到，视频的下边和右边将被裁剪，如图 7.22（b）所示。

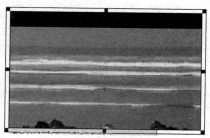

（a）原视频　　　　　　　　　　　　　（b）视频裁剪效果

图 7.22 原视频和视频裁剪效果

在选中 Crop 单选钮时，再勾选 Center 复选框，将对视频进行居中裁剪，即对视频的 4 边进行对称裁剪，效果如图 7.23（a）所示。

注意：RealMedia 视频不允许进行裁剪。

4．视频缩放

视频缩放就是使视频图像符合由矩形选区所定义的区域。如果希望按比例缩放视频，可在视频格式选项卡上选中 Framing 栏的 Scale 单选钮，而不是 Crop 单选钮。对图 7.22（a）所示视频精灵，改为选中 Scale 单选钮，效果如图 7.23（b）所示。

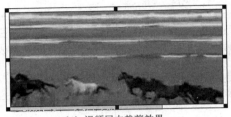 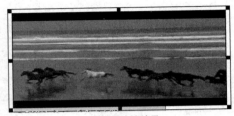

（a）视频居中裁剪效果　　　　　　　　　　　　　　（b）视频缩放效果

图 7.23　视频居中裁剪效果和视频缩放效果

7.2.3　视频应用实例

【例 7.4】　制作一个汽车产品介绍广告片断。要求：场景 1 展示汽车产品静态图，场景 2 播放汽车轮胎上下跳跃的动画，场景 3 播放汽车产品视频。各场景通过单击导航按钮进行跳转，效果如图 7.24 所示。

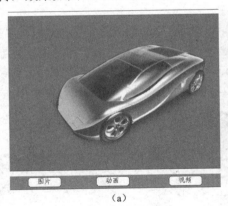 

（a）　　　　　　　　　　　　　　　（b）

图 7.24　汽车产品介绍广告片断

〖设计分析〗

将所使用的帧分为 3 个场景，第 1～5 帧为场景 1，第 6～15 帧为场景 2，第 16～30 帧为场景 3。各场景中都要出现 3 个导航按钮。汽车轮胎上下跳跃的动画需要 3 个关键帧来完成。视频格式选项卡中需要勾选 Video、Audio、Loop 复选框。

〖设计步骤〗

（1）新建一个影片，设置舞台大小为 445×380px。导入素材：background.jpg、Car.jpg 和 tyre.bmp，以及"汽车.wmv"（视频）。

（2）创建导航按钮。工具面板选择 Classic 模式，选择 Push Button 工具，在舞台下方绘制按钮，并输入按钮文本，创建 3 个按钮演员，同时生成"图片"、"动画"和"视频"
3 个按钮精灵。

（3）将通道 1～3 中的 3 个按钮精灵移至通道 4～6 的第 1～30 帧。在通道 1 的第 1～5
帧放置 Car 精灵，在第 6～15 帧放置 background 精灵。

（4）在通道 2 的第 6～15 帧放置 tyre 精灵，在第 11、15 帧处插入关键帧，并移动精灵
的位置形成上下跳跃的运动效果。在通道 3 的第 16～30 帧放置"汽车"视频精灵，调整其
在舞台上的位置、大小，还需要在属性检查器的 Windows Media 选项卡中勾选 Video、Audio
和 Loop 复选框。

剧本分镜窗和演员表如图 7.25 所示。

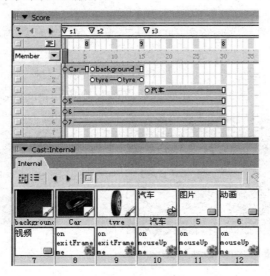

图 7.25　剧本分镜窗和演员表

（5）播放头停留控制。双击脚本通道第 5 帧，添加脚本 go to the frame，使播放头停留
在场景 1，这将会创建一个帧脚本演员。将该帧脚本演员复用于脚本通道第 30 帧，使播放
头停留在场景 3。

双击脚本通道第 15 帧，添加脚本 go to 6，这样，当播放头到达第 15 帧时会跳转到第
6 帧，使轮胎上下跳跃的动画能重复播放。

（6）导航按钮控制。除了使用脚本"go to 帧号"进行帧跳转，为了提高脚本的灵活性，
还可在剧本分镜窗中为场景的起始帧设置帧标记，使用脚本"go "帧标记名""即可跳转到
该场景的起始帧。之后如果改变了帧标记的位置，也不需要修改脚本。

单击帧标记栏中第 1 帧对应的位置，出现▽ New Marker ，其中，New Marker 为默认帧标
记名，本例为第 1 帧设置帧标记 s1。同样方法，为第 6、16 帧分别设置帧标记 s2、s3。

右击通道 4 中的"图片"按钮精灵，在弹出的快捷菜单中选择 Script 命令，打开脚本
编辑窗口，在 mouseUp 事件过程内输入 go "s1"，使播放头跳转到场景 1。

同样方法，设置"动画"和"视频"按钮精灵的脚本分别为 go "s2"和 go "s3"，用于场
景 2 和场景 3 的跳转控制。

（7）播放影片，首先会出现场景 1，播放头不会移到别的场景。单击"动画"或"视频"按钮，播放头相应地移到场景 2 或场景 3。

（8）源文件保存为 sy7_4.dir，并发布为 sy7_4.exe。

【例 7.5】 制作一个 QuickTime 视频播放器，窗口下方有控制播放的按钮，以及播放进度条和游标，使用内置行为实现对视频播放、暂停等的控制，如图 7.26 所示。

〖设计分析〗

本例需要控制 QuickTime 视频的播放。一开始，需要使视频处于暂停状态，这可以通过设置视频的属性实现；视频的播放和暂停控制可通过 QuickTime Control Button 行为实现；播放进度条上游标的移动需要通过 QuickTime Control Slider 和 Constrain to Line 两个行为配合完成。

注意：所使用的计算机中必须安装 QuickTime 视频格式的解码器。

〖设计步骤〗

（1）新建一个影片，设置舞台大小为 480×360px。导入素材：car.mov（视频）、b1.png～b3.png（按钮和游标）。并按图 7.27 在属性检查器的 QuickTime 选项卡中设置视频的属性。

图 7.26　视频播放器　　　　　　图 7.27　设置视频属性

（2）将视频演员 car 拖放到舞台上，使用通道 1 的第 1～10 帧。在舞台左下方分别放置停止按钮●演员 b1 和播放按钮▶演员 b2，使用通道 2 和 3 的第 1～10 帧。

（3）创建播放进度条并放置游标。使用工具面板中的实矩形工具■，在舞台下方绘制一个矩形，作为播放进度条，在演员表中将该演员重命名为"框"，"框"精灵使用通道 4 的第 1～10 帧，调整其大小作为游标的移动范围。将游标演员 b3 拖放播放进度条上方，位于最左侧，使用通道 5 的第 1～10 帧。

（4）播放与停止控制。在 Library 面板中，展开 Media→QuickTime 行为库，分别拖动 QuickTime Control Button 行为到舞台的停止按钮（通道 2，b1）和播放按钮（通道 3，b2）上。行为属性对话框如图 7.28 所示，其中，Video sprite channel 用于指定 QuickTime 视频精灵所在的通道，本例为通道 1；Video button action 用于指定按钮完成的动作，包括 Rewind（回绕）、Stop（停止）、Play（播放）、End（到最后）、Backward（快退）、Forward（快进），本例停止按钮设置为 Stop，播放按钮设置为 Play。

（5）播放进度条游标控制。首先要使 QuickTime 视频精灵具备游标控制能力，将 QuickTime Control Slider 行为拖放到舞台的视频精灵上，弹出行为属性对话框，设置如图 7.29

所示，Slider Sprite 用于指定精灵所在的通道号，本例选择通道 5（游标精灵）。

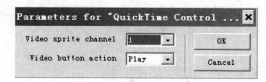

图 7.28　设置控制按钮行为属性

图 7.29　设置游标控制行为属性

为了使游标精灵能够跟随视频的播放进度移动，还需要对其添加 Constrain to Line 行为，该行为可使精灵沿着指定方向移动。拖动 Constrain to Line 行为到舞台的游标精灵上，弹出行为属性对话框，设置如图 7.30 所示，Constraint direction (relative to current position)用于指定移动方向；Distance (in pixels)用于指定移动距离，即游标精灵下方的播放进度条的宽度；Inital position on line (from 0 to 1)用于指定初始位置，即相对移动距离。

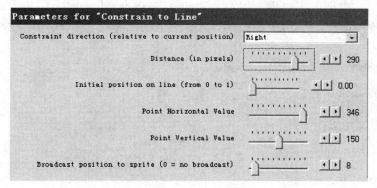

图 7.30　设置指定方向移动行为属性

（6）播放头停留控制。双击脚本通道第 10 帧，添加脚本 go to the frame，使播放头停留。剧本分镜窗和演员表如图 7.31 所示

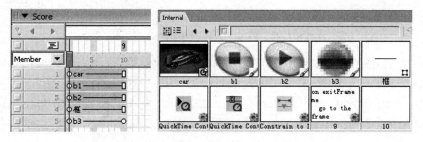

图 7.31　剧本分镜窗和演员表

（7）播放影片，单击 ▶ 按钮，开始播放视频，游标跟随视频播放进度向右移动；单击 ■ 按钮，视频停止播放，游标暂停移动。

（8）源文件保存为 sy7_5.dir，并发布为 sy7_5.exe。

7.3　Flash 动画和 GIF 动画的使用

7.3.1　Flash 动画的使用

随着网络动画的流行，越来越多的 Flash 动画被应用于各种场合。Flash 格式有非常突出的优点：文件小，画面质量高，可以随意缩放而不失真，支持交互的设计等，以上特点使得 Flash 格式成为一种事实上的网络媒体标准。

在 Director 中，可以调用交互式的 Flash 素材，不仅如此，Director 还提供了一套丰富多彩的 Flash 组件，如 Flash 按钮、Flash 单选钮、Flash 复选框和 Flash 滚动面板等。

在 Director 中处理 Flash 动画，首先要导入 Flash 文件，通常可在演员导入对话框中选择所需的 Flash 文件（扩展名为.swf），如果 Flash 文件需要经常更新，可采用外部链接方式。

如果使用"Insert | Media Element | Flash Movie"菜单命令导入 Flash 文件，可直接在对话框中设置 Flash 文件的属性，如图 7.32 所示，勾选 Media 栏中的 Linked 复选框，表示使用外部链接方式，此时，可以进一步勾选 Preload 复选框。Playback 栏用于回放设置。

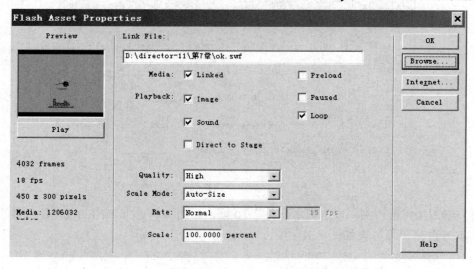

图 7.32　Flash Asset Properties 对话框

Flash 文件是由 Xtras 来处理的，在 Director 的 Xtras 文件夹里有两个和 Flash 相关的插件文件：Flash Asset Options.x32 和 Flash Asset.x32。前者用于设计过程的编辑状态，后者用于运行支持。如果影片中调用了 Flash 文件，在保存与发布前需要通过"Modify | Movie | Xtras"菜单命令，添加 Flash Asset.x32 扩展插件，以保证发布的可执行文件能调用 Flash 文件。

在 Director 中用于对 Flash、RealMedia、Windows Media、SWA 等格式媒体进行控制的脚本见表 7.2，它们必须与一个精灵相关联。

表 7.2　媒体控制脚本

脚　　本	功　能　说　明
sprite(精灵通道号).play()	播放指定精灵通道号的媒体精灵，例如，sprite(1).play()
sprite(精灵通道号).pause()	暂停指定精灵通道号的媒体精灵，例如，sprite(1).pause()
sprite(精灵通道号).stop()	停止指定精灵通道号的媒体精灵，例如，sprite(1). stop()
sprite(精灵通道号).frame=x	快速滚动媒体精灵到第 x 帧，例如，sprite(1).frame=1
sprite(精灵通道号).rewind()	回绕（回到媒体精灵的开头，即起始帧）

【例 7.6】　制作一个 Flash 动画播放器，其窗口上有 4 个按钮，实现播放、快退、快进、停止控制功能，如图 7.33 所示。

〖设计分析〗

在影片中要通过按钮控制 Flash 动画的播放，一个简单的方法就是为按钮添加行为，将脚本附加到按钮上。

〖设计步骤〗

（1）新建一个影片，舞台大小为 450×360px，背景为黑色。导入 4 个按钮素材 1.png～4.png，以及用 Flash 制作的动画文件 ok.swf，演员表如图 7.34 所示。

图 7.33　Flash 动画播放器

（2）拖动 Flash 动画演员 ok 及 4 个按钮演员 1～4 到舞台上，并调整它们的大小和位置，可固定 4 个按钮的大小为 45×45px。剧本分镜窗如图 7.35 所示。

图 7.34　演员表

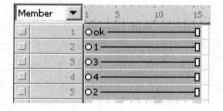

图 7.35　剧本分镜窗

（3）设置 Flash 动画精灵的属性。按图 7.36 所示属性检查器的 Flash 选项卡进行设置。

（4）播放头停留控制。双击脚本通道第 1 帧，打开脚本 go to the frame，使播放头停留。

（5）为按钮添加行为脚本。本例中 Flash 动画演员 ok 被放置在通道 1 上，对应的精灵通道号是 1，对该精灵的播放控制脚本为 sprite(1).play()，需要将它赋予播放按钮精灵。右击通道 2 中的播放按钮精灵，在弹出的快捷菜单中选择 Script 命令，添加脚本 sprite(1).play()，使之具有播放动画的功能，如图 7.37 所示。

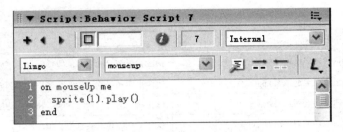

图 7.36　设置 Flash 动画精灵的属性　　　　图 7.37　播放动画的行为脚本

同样方法，为通道 3 中的快退按钮精灵添加行为脚本 sprite(1).frame=sprite(1).frame - 1，使之具有后退 1 帧的功能（也可自行设置后退的帧数）。

为通道 4 中的快进按钮精灵添加行为脚本 sprite(1).frame=sprite(1).frame +10，使之具有前进 10 帧的功能。

为通道 5 中的停止按钮精灵添加行为脚本 sprite(1).stop()，使之具有停止动画播放的功能。

（6）播放影片，单击播放、快退、快进或停止按钮，对 Flash 动画的播放进行控制。

（7）源文件保存为 sy7_6.dir，并发布为 sy7_6.exe。

注意：可以通过脚本 sprite(1).playing 检测 Flash 动画精灵是否正在播放，然后再决定是否执行播放脚本。例如，若 Flash 动画精灵未播放，则播放脚本，否则维持原状，可使用如下脚本：

```
if not sprite(1).playing then
    sprite(1).play()
end if
```

7.3.2　GIF 动画的使用

GIF 是最常见的网络动画格式，其文件体积很小，创建起来也相对比较容易。在 Director 中使用 GIF 动画是减小影片文件大小的一个有效的方法。

由于 GIF 文件包含位图图像和 GIF 动画两种格式，所以在每次导入时，Director 都会询问采用哪种格式导入，如图 7.38 所示。

如果选择了 Bitmap Image（位图图像）项，Director 将只导入 GIF 动画的第 1 帧，作为一个静态位图演员。如图 7.39 所示，第一个窗格是作为 Bitmap Image 导入的，第二个窗格是作为 Animated GIF（GIF 动画）导入的，注意观察它们右下角的演员类型标记。

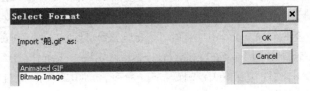

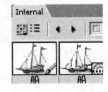

图 7.38　选择 GIF 文件的格式　　　　图 7.39　位图与动画

【例 7.7】　制作帆船在大海上航行的影片。帆船自身是一段 GIF 动画。通过鼠标控制影片及 GIF 动画的播放和暂停，当鼠标移到帆船上时，帆船停止航行，并暂停帆船自身的 GIF 动画；当鼠标移出帆船后，帆船继续航行，并恢复帆船自身的 GIF 动画。

〖设计分析〗

为控制影片及 GIF 动画的播放和暂停，可为帆船精灵添加一个行为。根据操作要求，该行为涉及 3 个事件：鼠标移到帆船上与移出帆船可使用 mouseEnter 和 mouseLeave 事件；影片暂停实质上是使播放头停留在某帧，可在 exitFrame 事件过程内添加脚本 go to the frame 实现。为了关联 mouse 相关事件与 exitFrame 事件，可用一个标志变量 flag 来指示光标所处的位置，当鼠标进入帆船精灵所在的区域时，设置 flag=0；离开该区域时，设置 flag=1。当 flag=0 时，允许执行脚本 go to the frame，使影片暂停。

GIF 动画的播放和暂停可分别用 pause() 和 resume() 来控制，处理方法与 Flash 动画类似。

〖设计步骤〗

（1）新建一个影片，舞台大小为 512×342px，默认精灵跨度为 15 帧。导入素材"船.gif"和"大海.jpg"。

（2）拖动演员"大海"和"船"到舞台上，分别使用通道 1 和通道 2 的第 1～15 帧。在通道 2 的第 15 帧处插入关键帧，调整舞台上"船"精灵的大小和位置，使其产生在海上航行的效果。剧本分镜窗如图 7.40 所示。

图 7.40　剧本分镜窗

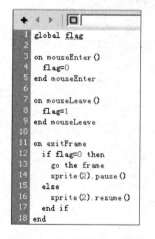

图 7.41　为"船"精灵添加
行为脚本

（3）为"船"精灵添加行为脚本。本例中"船"精灵使用通道 2，对应的精灵通道号是 2，按图 7.41 为该精灵添加行为脚本。

可以看到，在开始时，设置了一个公共变量 flag，若鼠标进入"船"精灵的有效区域，则发生 mouseEnter 事件，设置 flag=0；若鼠标离开"船"精灵的有效区域，则发生 mouseLeave 事件，设置 flag=1（这两个事件互斥，不会同时发生）。当播放头离开当前帧时，发生 exitFrame 事件，如果 flag=0，则暂停帆船的移动和 GIF 动画的播放，否则移动播放头到下一帧，继续 GIF 动画的播放。

（4）播放影片，帆船在大海上航行，当鼠标移到帆船上时，帆船立即停止所有的动作；当鼠标移出帆船后，帆船继续航行，并恢复帆船自身的 GIF 动画。

（5）源文件保存为 sy7_7.dir，并发布为 sy7_7.exe。

7.4　应用实例

本章前面的例子所设计的音/视频播放器的界面都需要用户来创建。读者也可以利用 Windows Media Player ActiveX 控件来设计媒体播放器。

Windows Media Player 是微软公司开发的一款音/视频播放器，简称为WMP。它可以播放 MIDI、MP3、WMA、WAV 等格式的音频文件，也可以播放 AVI、MPEG-1 等格式的视频文件，在安装解码器后可以播放 RM、MPEG-2、DVD 等格式的视频文件。在计算机中安装了 WMP 后，其 ActiveX 控件也同时被安装到系统中并完成注册。

在 Director 中应用 ActiveX 技术，通过 Windows Media Player ActiveX 控件（简称 WMP 控件），能够比较轻松地实现对 WMP 格式媒体的二次开发。在 Director 中添加 WMP 控件的方法如下：选择"Insert | Control | ActiveX"菜单命令，弹出 Select ActiveX Control 对话框，选择 Windows Media Player，单击 OK 按钮，如图 7.42 所示。在弹出的对话框中可以设置 WMP 控件的属性，如图 7.43 所示。

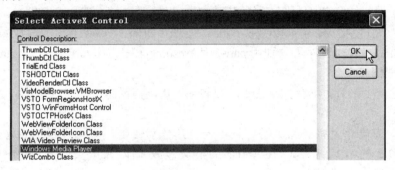

图 7.42　选择 ActiveX 控件

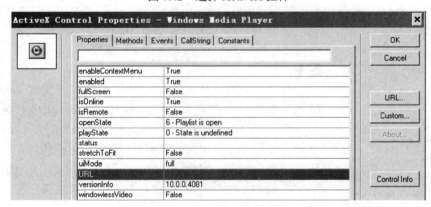

图 7.43　设置控件的属性

WMP 控件的主要属性见表 7.3。

表 7.3　WMP 控件的主要属性

属 性 名	说 明
enableContextMenu	启用/禁用快捷菜单
fullScreen	是否全屏显示
playState	播放状态，1 为停止，2 为暂停，3 为播放，6 为正在缓冲
uiMode	播放器界面模式，可取值为 full、mini、none、invisible
URL	指定所播放媒体文件的完整路径

对属性进行设置后，即可创建一个 WMP 控件演员。它可以用于播放媒体文件，并提供播放、停止、暂停、音量调节，以及进度条游标的拖动等控制。

可以通过脚本调用播放器控件所具备的属性和方法，其格式如下：

Sprite (播放器控件所在通道).属性

例如，脚本 Sprite (1).URL="C:\ok.swf"将会播放 C:盘下名为 ok.swf 的 Flash 动画。

【例 7.8】 利用 WMP 控件创建媒体播放器。要求：单击按钮，将会播放相应格式的媒体文件，并实现播放控制，如图 7.44 所示。

〖设计分析〗

Director 能播放的媒体格式与计算机上已安装的解码器有关，WMP 控件可播放 MIDI、MP3、WMA、WAV、AVI、MPEG-1 等格式的音/视频文件。如果将需要播放的媒体文件放在.dir 文件和.exe 文件所在的文件夹内，可直接设置 WMP 控件的 URL 属性为指定的文件名，否则需使用完整路径。

图 7.44　媒体播放器

〖设计步骤〗

（1）新建一个影片，设置舞台大小为 512×342px。

（2）导入 WMP 控件演员。选择"Insert | Control | ActiveX"菜单命令，弹出 Select ActiveX Control 对话框，选择 Windows Media Player，单击 OK 按钮。在弹出的对话框中单击 Custom 按钮，打开"Windows Media Player 属性"对话框，如图 7.45 所示。在"文件名或 URL"框中指定要播放的媒体文件，对应于 WMP 控件的 URL 属性；在"选择模式"下拉列表中选择播放器界面模式，对应于 WMP 控件的 uiMode 属性，默认为 Full (default)，表示显示所有播放控制栏，若选择 None，则表示不显示播放控制栏。

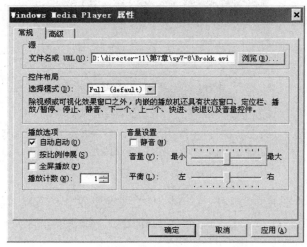

图 7.45　"Windows Media Player 属性"对话框

（3）创建按钮演员。选择工具面板的 Classic 模式，使用 Push Button 工具 ，在舞台上绘制 4 个按钮，分别输入"音乐"、"MPG 视频"、"AVI 视频"和"WMV 视频"，使用通道 2～5。

（4）将 WMP 控件演员放置在通道 1 中。

（5）播放控制。为各个按钮精灵添加行为脚本，对应 mouseUp 事件，见表 7.4。

表 7.4　各个按钮的行为脚本

按　　钮	行　为　脚　本
音乐	sprite(1).url= "music.mp3"
MPG 视频	sprite(1).url= "hwy.mpg"
AVI 视频	sprite(1).url= "Brokk.avi"
WMV 视频	sprite(1).url= "Wildlife.wmv"

（6）播放影片，媒体播放器自动播放默认加载的媒体文件，单击"音乐"、"MPG 视频"、"AVI 视频"或"WMV 视频"按钮中的任意一个，停止前一种媒体的播放，启动所指定的媒体对象，并可使用媒体播放器内嵌的播放控制按钮进行播放、停止、暂停、调节音量，以及进度条游标拖动等控制。

（7）源文件保存为 sy7_8.dir，并发布为 sy7_8.exe。

7.5　上机实践

1．使用文件夹 t7-1 中的素材，制作一个音频播放器，界面如图 7.46 所示。利用声音行为为按钮添加声音播放、暂停等控制功能，拖动滑块能改变音量大小。源文件保存为t7_1.dir，并发布为 t7_1.exe。

图 7.46　音频播放器

2．使用文件夹 t7-2 中的素材制作一个 AVI 视频播放器，所播放的视频出现在一个播放框中，可用按钮控制视频的播放、暂停与停止等。源文件保存为 t7_2.dir，并发布为t7_2.exe。

提示：如果想使所播放的影片出现在一个播放框中，要让播放框分镜的长度和影片分镜的长度相等，并且将影片分镜放在播放框分镜之后。

3. 使用文件夹 t7-3 中的素材制作一个 Flash 动画播放器，可用按钮控制动画的播放、暂停与停止等。源文件保存为 t7_3.dir，并发布为 t7_3.exe。

4. 使用文件夹 t7-4 中的素材，参考例 7.7 制作帆船在大海上航行的影片，帆船自身是一段 GIF 动画。通过键盘控制影片及帆船 GIF 动画的播放和暂停，按下 S 键，帆船停止航行，并暂停播放帆船 GIF 动画；按下 C 键，帆船继续航行，并恢复播放帆船 GIF 动画。

提示：当键盘上的某键被按下或释放时，会产生 keyDown 或 keyUp 事件，关键字 key 返回被按键的字符值。例如，使用脚本 the key="A"，可以判断按下的是否为 A 键。

注意：程序运行时必须将舞台切换成当前窗口，按键才会响应。

5. 利用 WMP 控件创建媒体播放器，主控界面中间显示有文字"多媒体的控制与播放"，下面有 3 个按钮，分别对应不同的媒体格式，如图 7.47 所示。单击按钮将会进入对应媒体格式的播放画面，可实现对媒体的播放、停止、快进、快退控制。

图 7.47　主控界面

6. 使用文件夹 t7-6 中的素材，利用视频蒙版（遮罩）功能创建视频播放器，在椭圆区域内播放 QuickTime 视频，如图 7.48 所示。

（a）视频画面　　　　　　　　（b）蒙版位图　　　　　　　　（c）蒙版效果

图 7.48　视频播放器

提示：① 蒙版是一个高级功能，它可用于在特定形状的区域内播放 QuickTime 视频，需要勾选 QuickTime 精灵的 DTS 复选框。

② 蒙版的创建。打开 Paint 窗口，选中工具箱中的实椭圆工具 ◯，绘制一个黑色的椭圆，双击 Color Depth 工具 `32 bits`，打开 Transform Bitmap 对话框，指定 Color Depth 为 1bit，如图 7.49 所示，创建一个 1bit 的位图。

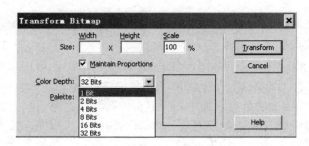

图 7.49　转换为 1bit 的位图

③ Director 始终将蒙版精灵的注册点与视频精灵的左上角对齐。因此，需要重新设置 1bit 位图的注册点在左上角（其默认为中心），如图 7.48（b）所示。

④ 使用 mask 属性产生蒙版效果。在视频精灵出现在舞台上之前设置该精灵的 mask 属性，通常在 prepareFrame 事件过程中添加以下脚本：

```
sprite(视频精灵).member.mask = member("蒙版演员名")
```

第8章

脚　本

Director 提供了 Lingo 和 JavaScript 两种类型的脚本语言，Lingo 是 Director 传统的脚本语言，JavaScript 是 Director 新增的脚本语言，两种脚本语言除了语法有所不同，其程序控制方法基本相同，故本章将详细介绍 Lingo 语言的基础知识及其应用。

本章要点：

◇　了解和认识 Lingo 语言。

◇　掌握 Lingo 语言中的变量、数据类型、流程控制、函数、事件、脚本等。

◇　掌握常见 Lingo 脚本的应用。

8.1　初识脚本

8.1.1　引例

【例 8.1】　利用 Lingo 脚本制作音乐点播器。要求：单击"打开文件"按钮，弹出"打开"对话框，可以从中选择任意音频文件，实现音乐点播功能，而不像例 7.3 制作的音频播放器那样只能播放指定的音乐，如图 8.1 所示。

图 8.1　音乐点播器

〖设计分析〗

要实现音乐点播功能，需要播放外部音频文件，可以使用函数 playFile() 实现，格式为

sound(声音通道号).playFile("音频文件名")。例如，sound(1).playFile("C:\ music.mp3")将会在声音通道 1 中播放外部音频文件 C:\music.mp3，另外，sound(1).pause()用于暂停播放，sound(1).stop()用于停止播放。

通过 fileIO.x32 扩展插件可以调用 Windows 系统的"打开"对话框，返回包含完整路径的外部音频文件名，在 playFile()中使用所获得的文件名，就可实现音乐点播功能。

在使用 fileIO.x32 扩展插件之前，需要创建一个 fileIO 实例对象，可使用函数 displayOpen()显示"打开"对话框。要限定"打开"对话框中所显示的文件类型，可使用函数 setFilterMask()，其参数格式为"描述,文件扩展名"。例如，setFilterMask("MP3,*.mp3, WAV,*.wav,所有文件,*.*")，在"文件类型"下拉列表中的显示效果如图 8.2 所示。

〖设计步骤〗

（1）新建一个影片，设置舞台大小为 530×340px。

（2）导入素材 pic1.jpg（背景）、pic2.jpg（控制条）、b1.psd～b4.psd（按钮和滑块）。可以另外导入一个音频文件，作为默认播放的音频文件。

（3）创建演员。创建文本演员，输入"音乐点播器"；创建按钮演员，按钮文本为"打开文件"，用于调用"打开"对话框；创建域文本演员，演员名称为 text，用于显示所打开的外部音频文件名；创建矩形演员，用于控制音量和平衡滑块的拖动范围。

（4）按照图 8.1，将演员拖放到舞台上，并调整精灵的大小和位置。

（5）播放头停留控制。双击脚本通道第 1 帧，添加脚本 go to the frame，使播放头停留。

（6）为"打开文件"按钮添加行为脚本。右击"打开文件"按钮，在快捷菜单中选择 Script 命令，打开脚本编辑窗口，默认显示空的 mouseUp 事件过程，可以在其中添加脚本，如图 8.3 所示。

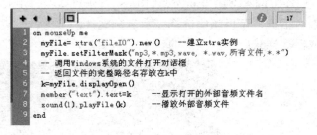

图 8.2 "文件类型"下拉列表　　　　　　　　图 8.3 添加脚本

（7）添加控制行为。在 Library 面板中展开 Media→Sound 行为库。

① 声音播放控制。从行为库中拖动 Play Sound 行为到播放按钮（通道 4，b2）精灵上，或为其添加脚本：

```
Global k              --将存放外部音频文件名的变量声明为全局变量
sound(1).playFile(k)。
```

② 声音停止控制。从行为库中拖动 Stop Sound 行为到停止按钮（通道 3，b1）精灵上，或为其添加脚本 sound(1).stop()。

③ 声音暂停控制。从行为库中拖动 Pause Sound 行为到暂停按钮（通道 5，b3）精灵

上，或为其添加脚本 sound(1).pause()。

④ 音量滑块控制。从行为库中拖动 Channel Volume Slider 行为到音量滑块（通道 7，b4）精灵上。

⑤ 平衡滑块控制。从行为库中拖动 Channel Pan Slider 行为到平衡滑块（通道 9，b4）精灵上。

剧本分镜窗、舞台和演员表如图 8.4 所示。

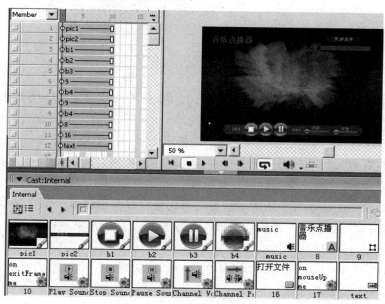

图 8.4　剧本分镜窗、舞台和演员表

（8）播放影片，单击"打开文件"按钮后，将会弹出"打开"对话框，如图 8.5 所示。选择音频文件，域文本将显示所选定的文件并开始播放。

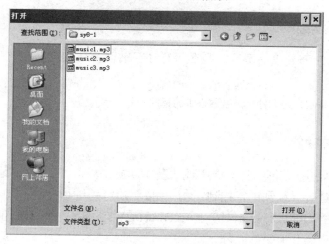

图 8.5　"打开"对话框

（9）在保存与发布前需要通过"Modify | Movie | Xtras"菜单命令添加 fileIO.x32 扩展插件，以保证发布的可执行文件能正确调用 Windows 系统的"打开"对话框。

（10）源文件保存为 sy8_1.dir，并发布为 sy8_1.exe。

注意：本例中未对"打开"对话框中的"取消"按钮进行控制，如果单击"取消"按钮，将会返回 void，可以用 if 语句检测 myFile.displayOpen() 的返回值，根据返回值，决定程序的转向。

8.1.2　脚本的基本概念和基本功能

1. 脚本的基本概念

Director 内置行为实质上是预先编写好的 Lingo 脚本功能模块。在前面介绍的例子中，通过简单的拖放操作即可使用行为，但其功能单一，语句复杂，不易修改。从例 8.1 可见，使用 Lingo 脚本更为简单，交互能力更强，功能更强大，应用更灵活。

Lingo 是在 C 语言的基础上形成的一种面向对象编程语言。Lingo 语言的功能非常强大，可以帮助用户轻松地开发出交互性强、性能高、界面美观的多媒体作品。

在 Director 中，Lingo 脚本通常以演员的形式独立存在于演员表中（除演员脚本外）。

脚本编辑窗口用于创建、编辑和修改 Lingo 脚本，利用消息窗口可以很好地测试和跟踪 Lingo 脚本的运行情况。

与其他编程语言一样，Lingo 也使用"."点语法实现对一个对象的引用：

    member("TiTle").Text="Director 多媒体作品开发"

给程序添加注释是非常好的编程习惯，不仅可以给代码添加说明文字，还可以用于注销暂时不用的代码。Lingo 语言中，添加注释的方法是在注释内容前面添加连字符"--"，例如：

    --Go To The Frame

如果需要注释的部分包括多行，则在每行注释前面都要加上连字符"--"，例如：

    --sound(1).pause()   暂停声音通道 1 的播放
    --sound(1).stop()   停止声音通道 1 的播放

2. 脚本的基本功能

在 Director 中使用 Lingo 脚本能实现的基本功能如下：① 对文本进行控制；② 对声音进行控制；③ 对数字视频进行控制；④ 对按钮的行为进行控制；⑤ 对演员进行控制；⑥ 对影片中画面的切换进行控制；⑦ 扩充 Director 的功能；⑧ 对 3D 动画进行控制；⑨ 支持对网络的访问；⑩ 其他交互功能。

8.2　Lingo 语法

8.2.1　变量

1．定义变量

顾名思义，变量就是在程序运行中其存储的值是可以改变的量。定义变量的目的是在计算机内存中分配地址。在程序运行过程中，可以对变量进行赋值、访问、引用和更新等操作。

与其他编程语言一样，在 Director 中，对变量的命名也有一定的规则和限制。

① 变量名必须以字母开头，在变量名中，字母、数字、下画线可以混合使用，如 MyName、StrXM、Int_No、t1 等。

② 不能使用 Lingo 语言中的关键字或保留字作为变量名。例如，enterFrame、on、alert、property 等均不能作为变量名。

③ Lingo 语言是不区分大小写的，因此，变量名 MyFile 和 myfile 实际上表示的是同一个变量。

2．变量赋值

定义一个变量后它的值为空，直到将不同数据类型的值赋给变量。可在程序启动时或程序运行时赋值，也可为已赋值的变量更新数值，变量赋值可通过操作符中的赋值运算符"="来初始化，格式如下：

> 变量名=变量值

例如，定义一个名为 StrTitle 的字符串变量并赋值"Director 多媒体"的代码如下：

> StrTitle= "Director 多媒体"

Lingo 语言中，定义变量不需要事先定义其类型，变量的类型由变量值的内容而定，可以将整型、字符串型、布尔型或列表等类型的数据内容直接赋值给变量，也能用运算结果直接为变量赋值，例如：

> IntSum=7*8
> strNoName="20120318" & "张平"

3．测试变量中间值

一般通过 Alert（提示框）或文本来测试变量的中间值，测试完成后可以删除该语句或在该语句前添加注释"--"，以便再次测试时使用。

【例 8.2】　测试变量赋值，将变量 x 赋值为 10、100，变量 y 赋值为"Director 多媒体课程"，并通过对话框输出测试结果。

〖设计步骤〗

（1）新建一个影片，舞台大小为 150×100px。

（2）在舞台上绘制一个按钮，输入按钮文本"测试变量值"。右击该按钮，选择快捷菜单中的 Script 命令，打开脚本编辑窗口，在 mouseUp 事件过程中输入：

```
x = 10                        --赋值语句，将数值 10 赋给变量 x
Alert String(x)               --Alert 用于弹出提示框
x = 100                       --将数值 100 赋给变量 x
Alert String(x)
y = "Director 多媒体课程"        --将字符串赋给变量 y
Alert y
```

（3）播放影片，单击"测试变量值"按钮，弹出提示框，显示变量 x 赋值为 10 的结果；单击"确定"按钮，弹出提示框，显示变量 x 赋值为 100 的结果；单击"确定"按钮，弹出提示框，显示变量 y 的赋值结果。测试变量值结果如图 8.6 所示。

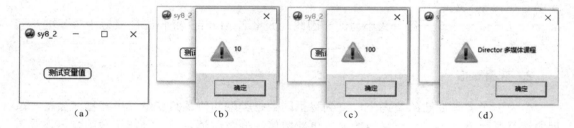

|（a）|（b）|（c）|（d）|

图 8.6　测试变量值结果

（4）源文件保存为 sy8_2.dir，发布为 sy8_2.exe。

4. 局部变量和全局变量

在 Lingo 语言中，根据变量作用范围的不同可分为局部变量和全局变量。

（1）局部变量。局部变量只在定义它的事件过程中有效，当这个事件过程执行完后，变量就会被释放。当再次执行该事件过程时，Director 仍然会先定义和初始化这个变量，在事件过程执行完后，会被再次撤销。因此，在不同的事件过程中可以使用相同的局部变量名。

（2）全局变量。在 Director 影片运行过程中，一旦定义了全局变量，就会一直存在，直到 Director 发出 clearGlobals 命令或退出影片为止。全局变量可以在各个事件过程中被引用、访问和更新，一旦全局变量的值被改变，所有使用了该全局变量的事件过程中的值都会随着改变。

在 Lingo 中，所使用变量默认为局部变量，它可以不声明，直接引用。如果要声明全局变量，必须在变量前添加关键字 Global。例如，下面的代码声明了一个名为 MusicNo 的全局变量：

```
Global MusicNo
```

　　如果要同时声明多个全局变量，可以将声明的全局变量放在同一行语句中，变量之间用逗号","分隔，也可以将声明的全局变量放在不同行中，例如：

　　　　Global MusicNo, MusicName

等价于

　　　　Global MusicNo
　　　　Global MusicName

8.2.2　数据类型

　　数据类型是指符合预定义的数据形式。

1. 常用数据类型

　　在 Lingo 中，常用数据类型主要包括整型、浮点型、字符串型和逻辑型。

　　（1）整型。整型即整数类型。整型数据是有取值范围的，其可以是−2147483648～+21474483647 范围内的任意整数。超过这个范围的数据就不是整型数据。例如，IntX=999999 定义了一个名为 IntX 的整型变量。

　　（2）浮点型。所谓浮点型，是指一种既包含整数部分也包含小数部分的数据类型，浮点型数据默认保留 4 位小数。浮点型数据的取值范围比整型数据大得多。例如，FloatX=8.05 定义了一个名称为 FloatX 的浮点型变量。

　　（3）字符串型。字符串型数据就是用双引号括起来的一串字符。例如，StrTitle="Director 多媒体开发"定义了一个名为 StrTitle 的字符串型变量。

　　（4）逻辑型。逻辑型数据只有 True 和 False（对应 0 和 1）两种取值，常用于判断一个结果的对与错、真与假。

2. 数据类型转换

　　不同类型的数据之间可以通过 Lingo 提供的内置方法进行转换。常用转换方法如下。

　　① Integer(n)：将括号中的数据 n 转换为整型数据。

　　例如，要在名为"Ts"的域文本中显示字符串变量 strX="100"与 strY="200"之和，则需要先转换两个字符串变量值为整型数据，求和后再将整型数据转换为字符串，最后赋值给域文本框的文本属性，脚本如下：

```
strX="100"
strY="200"
Member("Ts").Text=string(Integer(strX)+Integer(strY))
```

　　② float(n)：将括号中的数据 n 转换为浮点型数据，默认保留 4 位小数。

　　例如，float(100)将整型数据 100 转换为带有 4 位小数的浮点数。

　　③ string(n)：将括号中的数据 n 转换为字符串。

8.2.3 运算符与表达式

Director 中的运算符分为算术运算符、比较运算符、逻辑运算符和字符串运算符 4 类。

1. 算术运算符

算术运算符是数学中最常用的运算符。常用的算术运算符及其功能见表 8.1。

2. 比较运算符

比较运算符用于比较两个操作数的大小，若关系成立，则返回 True，否则返回 False。常用的比较运算符及其功能见表 8.2。

表 8.1　常用的算术运算符及其功能

运 算 符	含　义	实　例	结　果
+	加	3 + 5	8
−	减	3 − 5	−2
*	乘	3 * 9	27
/	除	5 / 2	2.5
Mod	取模	5 Mod 2	1

表 8.2　常用的比较运算符及其功能

运 算 符	含　义	实　例	结　果
=	等于	"ABCDE" = "ABR"	False
>	大于	"ABCDE " > "ABR"	False
>=	大于或等于	"bc" >= "大小"	False
<	小于	23 < 3	False
<=	小于或等于	"23" < " 3 "	True
<>	不等于	"abc" <> "abcde"	True

3. 逻辑运算符

逻辑运算符用于对两个操作数进行逻辑运算，结果是逻辑值 True 或 False。常用的逻辑运算符及其功能见表 8.3。

表 8.3　常用的逻辑运算符及其功能

运 算 符	含　义	实　例	结　果	说　明
And	与	(2 >= 1) And ("c" > "a")	True	两个表达式均为真时结果为真
Or	或	(7 < 3) Or (8 >= 8)	True	两个表达式只要有一个为真，结果就为真
Not	取反	Not (5 > 3)	False	结果与操作数相反

4. 字符串运算符

常用的字符串运算符有两个。
① 双引号“""”，用于定义一个字符串，例如，"Director 多媒体课程"。
② 字符串连接符“&”，用于连接两个字符串，例如，"Director" & "多媒体课程"。

5. 表达式

由各种变量、常量、运算符、函数和圆括号按一定的规则连接起来，并且有一定意义的式子称为表达式。例如，IntX+IntY+IntZ*100、"Director" & "多媒体课程"、IntSum+10 等都是表达式。

8.2.4 流程控制结构

在编程过程中，掌握各种流程控制结构，不仅可以使程序的功能更加强大，而且能极大地提高程序的执行效率。在 Lingo 中，常用的流程控制结构有顺序结构、条件结构和循环结构。

1. 顺序结构

顺序结构是流程控制结构中最基本、最常用的结构。在顺序结构中，各条语句按出现的先后顺序依次执行，即执行完第一条语句后，继续执行第二条语句，依次继续执行每条语句，直到执行完最后一条语句。顺序结构流程图如图 8.7 所示。

【例 8.3】 已知语文为 100 分、数学为 90 分、英语为 80 分，利用顺序结构计算这三门课程的平均成绩，并通过对话框输出结果。

〖设计步骤〗

（1）新建一个影片，舞台大小为 150×100px。

（2）双击脚本通道第 1 帧，添加脚本 go to the frame，使播放头停留。

（3）在舞台上绘制"平均成绩"按钮，右击该按钮，在弹出的快捷菜单中选择 Script 命令，在 mouseUp 事件过程中输入：

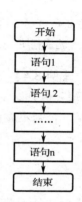

图 8.7 顺序结构
流程图

```
scoreA = 100                          --赋值语句，将数值 100 赋予变量 scoreA
scoreB = 90
scoreC = 80
savg = (scoreA+scoreB+scoreC) / 3     --用表达式计算平均成绩
Alert "平均成绩为 " & savg             --用对话框输出结果
```

（4）播放影片，单击"平均成绩"按钮，弹出提示框显示结果如图 8.8 所示。

图 8.8 对话框显示平均成绩

（5）保存与发布：源文件保存为 sy8_3.dir，发布为 sy8_3.exe。

2. 条件结构

条件结构用于判断，根据判断条件产生的结果，选择执行不同的分支。Lingo 中的条件结构有 if 和 case 语句，本章将介绍 if 语句。

if 语句包括单分支、双分支和多分支等多种结构形式。

1）单分支结构
语句格式：

```
if 表达式 then
    语句块
```

end if

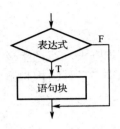

图 8.9　单分支结
构流程图

其中，表达式提供判断条件，它可以是关系表达式、比较表达式、逻辑表达式；语句块部分可以是一条或多条语句。

该语句的作用是当表达式的值为 True 或非 0 时，执行 then 后面的语句块，否则，跳过 if 语句，执行条件结构后的其他语句（end if 后面的一条语句），其流程如图 8.9 所示。

当单分支结构中的语句块部分只有一条语句时，可将 if 语句简化成单行形式：

if 表达式 then 语句

【例 8.4】　设计一个用户登录程序。要求：在域文本框中分别输入用户名和密码，根据输入值判断密码是否正确，如果输入的密码为 password，则显示文字"欢迎用户 xxx 登录"，否则不显示欢迎文字，如图 8.10 所示。

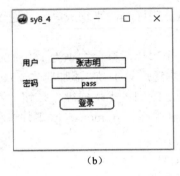

（a）　　　　　　　　　　　（b）

图 8.10　用户登录程序

〖设计步骤〗

（1）新建一个影片，舞台大小为 250×200px。

（2）参考图 8.10，创建两个文本演员，分别输入"姓名"和"密码"；另外创建一个文本演员用于显示欢迎文字，初始值为空白，在演员表中将其命名为 TMsg。

（3）创建两个域文本演员，在演员表中分别命名为
TName 和 TPass。对它们进行相同的设置：在属性检查器的
Field 选项卡中，勾选 Editable 复选框，使之可编辑，勾选
Wrap 复选框并设置 Border 为 One Pixel，使之有 1px 的边框，
如图 8.11 所示。

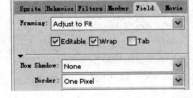

图 8.11　设置域文本属性

（4）双击脚本通道第 1 帧，添加脚本 go to the frame，使播放头停留。

（5）创建"登录"按钮演员，在演员表中右击该演员，在弹出的快捷菜单中选择 Cast
Member Script 命令，在 mouseUp 事件过程中输入：

```
    member("TMsg").Text=""                    --清除文本演员 TMsg 上的信息
    if member("TPass").Text="password" then   --判断输入的密码是否正确
        member("TMsg").Text="欢迎用户" & member("TName").Text & "登录"
    end if
```

（6）播放影片，在"用户名"框中输入任意文字，如"张志明"，在"密码"框中输入 password，单击"登录"按钮，在窗体下方将会显示"欢迎用户张志明登录"，如图 8.10（a）所示。如果密码输入错误，则不显示欢迎文字，如图 8.10（b）所示。

（7）保存与发布：源文件保存为 sy8_4.dir，发布为 sy8_4.exe。

2）双分支结构

语句格式：

```
if 表达式 then
    语句块 1
else
    语句块 2
end if
```

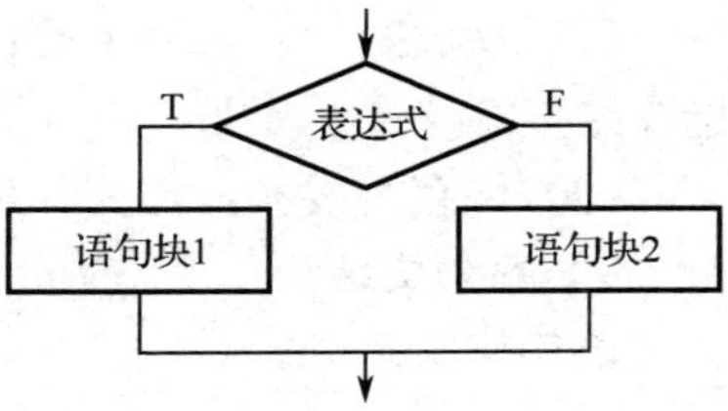

该语句的作用是当表达式的值为 True 或非 0 时，执行语句块 1，否则，执行语句块 2，其流程如图 8.12 所示。

图 8.12　双分支结构流程图

【例 8.5】　设计一个性别选择程序。

要求：根据选择的性别按钮，显示文字"选中性别为：男"或"选中性别为：女"，如图 8.13 所示。

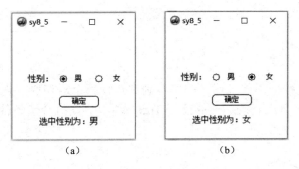

（a）　　　　　　　　（b）

图 8.13　性别选择

〖设计步骤〗

（1）新建一个影片，舞台大小为 250×200px。

（2）创建两个文本演员，一个输入"性别"；另一个初始值为空白，用于显示选中的性别信息，在演员表中命名为 TSex。

（3）创建两个单选钮演员，单选钮文本分别为"男"和"女"，在演员表中分别命名为 TSex1 和 TSex2。

（4）利用控件行为创建单选钮组。在 Library 面板中展开 Controls 行为库，拖动 Radio Button Group 行为到"男"单选钮精灵上，弹出行为属性对话框，设置单选钮组的组名为

RGroup1，创建行为实例。同样方法，为"女"单选钮精灵创建行为实例。

注意：两个单选钮所属的组名必须相同，才能成为一个按钮组。

（5）双击脚本通道第 1 帧，添加脚本 go to the frame，使播放头停留。

（6）创建"确定"按钮演员，在演员表中右击该演员，弹出快捷菜单，选择 Cast Member Script 命令，在 mouseUp 事件过程中输入：

```
member("TSex").Text= ""
if member("Sex1").hilite = True then                --hilite = True，选中该单选钮
    member("TSex").Text= "选中性别为：男"
else
    member("TSex").Text= "选中性别为：女"
end if
```

（7）播放影片，选中单选钮"男"或"女"，单击"确定"按钮，将会显示相应的性别选择结果。

（8）保存与发布：源文件保存为 sy8_5.dir，发布为 sy8_5.exe。

3）多分支结构

语句格式：

```
if  表达式 1 then
    语句块 1
else if  表达式 2 then
    语句块 2
…
[else
    语句块 n+1]
end if
```

该语句的作用是根据不同表达式的值，确定执行哪个语句块，判断条件的顺序为表达式 1、表达式 2……一旦遇到表达式的值为 True 或非 0，则执行该条件下的语句块，其流程如图 8.14 所示。

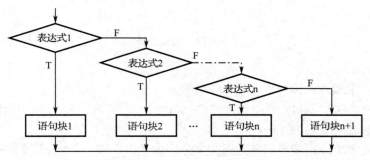

图 8.14 多分支结构流程图

多分支结构是双分支结构的扩展，当多分支结构判断条件只有表达式 1 时，就是双分支结构；进一步，若 else 部分也不存在，就退化为单分支结构。

【例 8.6】　设计一个成绩等级判断程序。要求：通过域文本输入百分制成绩，根据输入值 n 判断成绩等级：$n \geq 90$，优；$80 \leq n < 90$，良；$70 \leq n < 80$，中；$60 \leq n < 70$，及格；$n < 60$，不及格。成绩等级通过域文本输出，效果如图 8.15 所示。

〖设计步骤〗

（1）新建一个影片，舞台大小为 250×150px。

（2）创建两个文本演员，分别输入"输入成绩"和"成绩等级"。

（3）创建两个域文本演员，在演员表中分别命名为 TScore 和 TResult。在属性检查器的 Field 选项卡中均设置为可编辑、有 1px 的边框。

（4）双击脚本通道第 1 帧，添加脚本 go to the frame，使播放头停留。

图 8.15　成绩等级判断

（5）创建"成绩等级"按钮演员，在演员表中右击该演员，弹出快捷菜单，选择 Cast Member Script 命令，在 mouseUp 事件过程中输入：

```
if member("TScore").Text>=90 then
    member("TResult").Text="优"
else if member("TScore").Text>=80 then
    member("TResult").Text="良"
else if member("TScore").Text>=70 then
    member("TResult").Text="中"
else if member("TScore").Text>=60 then
    member("TResult").Text="及格"
else
    member("TResult").Text="不及格"
end if
```

（6）播放影片，在"输入成绩"框中输入 100 或以下任意数字，如 89，单击"成绩等级"按钮，在"成绩等级"框中显示结果"良"。

（7）源文件保存为 sy8_6.dir，发布为 sy8_6.exe。

3. 循环结构

在解决实际问题的过程中，经常会需要在特定条件下进行具有规律性的重复运算，这在程序中称为重复执行某一组语句。一组被重复执行的语句称为循环体语句，每重复执行一次循环体语句，都必须进行是否终止循环的判断，其中，决定是否终止循环的条件称为循环条件。故循环语句是由循环体语句和循环条件两部分组成的。

Lingo 语言提供了 repeat with 语句来实现循环，语句格式如下：

```
repeat with   循环变量=初始值 to 终值
    循环体语句
end repeat
```

该语句的作用是判断循环条件是否满足，若不满足条件，则循环结构重复执行。循环条件一旦满足则终止循环，跳出循环语句，其流程如图 8.16 所示。

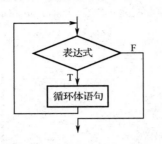

图 8.16 循环结构流程图

【例 8.7】 设计一个求累加和程序。要求：通过域文本输入一个数字 n，计算 $1 \sim n$ 的累加和，结果通过提示框输出。

〖设计步骤〗

（1）新建一个影片，舞台大小为 150×100px。

（2）双击脚本通道第 1 帧，添加脚本 go to the frame，使播放头停留。

（3）创建一个文本演员，输入 "输入"。

（4）创建一个域文本演员，在演员表中命名为 Tin，在属性检查器的 Field 选项卡中设置为可编辑、有 1px 的边框。

（5）创建 "求和" 按钮演员，在演员表中右击该演员，弹出快捷菜单，选择 Cast Member Script 命令，在 mouseUp 事件过程中输入：

```
repeat with i=1 to member("TIn").Text
    S=S+i
end repeat
Alert "1 至" & member("TIn").Text & "的和为 " & S
```

（6）播放影片，在 "输入" 框中输入任意数字，如 100，单击 "求和" 按钮，在弹出的提示框中显示计算结果，如图 8.17 所示。

（7）源文件保存为 sy8_7.dir，发布为 sy8_7.exe。

图 8.17 显示计算结果

8.2.5 列表

列表类似于其他编程语言中的数组，是一次可保存多个数值的变量。Director 提供了两种类型的列表，分别为线性列表和属性列表。

1. 线性列表

线性列表中的元素都是由单个数值组成的，可以用方括号 "[ ]" 或函数 list() 声明。线性列表中的元素都要用逗号 ","隔开，各元素的数据类型可以不同，元素的索引从 1 开始。

例如，下面的脚本都定义了线性列表 score：

```
score=[]                                      --不包含任何元素的空线性列表
score=list()
score=[100,80,90,70,60]                        --包含 5 个同类型元素的线性列表
score =["12033101","张明","计算机","男",21]      --包含 5 个不同类型元素的线性列表
score=list("张明","李建国","王平","薛英")          --用函数 list() 定义包含 4 个元素的线性列表
```

2. 属性列表

属性列表中的每个元素都是由成对出现的 "#属性名称:属性值" 两部分组成的。同创

建线性列表一样，可以用操作符"[:]"或函数 proplist()声明。

例如，下面定义了一个名为 studentList 的属性列表：

studentList=[#学号:"12033101",#姓名:"张明",#专业:"计算机",#性别:"男",#年龄:21]

3. 为列表中的元素赋值

① 为线性列表中的元素赋值，格式如下：

列表名[Index] = 元素值

例如，下面的脚本定义了一个名为 studentList 的线性列表，并为元素赋值：

```
studentList=[]                     --定义空列表
studentList[1]="12033101"          --为元素 1 赋值'12033101'
studentList[2]="张明"
studentList[3]="计算机"
studentList[4]="21"
```

② 为属性列表中的元素赋值，格式如下：

列表名[#元素属性名] = 元素属性值

4. 读取列表中的元素值

① 通过索引读取线性列表和属性列表中的元素值，格式如下：

列表名[Index]

例如，有线性列表 score，读取该列表中索引为 3 的元素并显示：

```
score=[100,80,90,70,60]
x= score[3]
Alert string(x)              --对话框显示 90
```

例如，有属性列表 studentList，读取该列表中索引为 3 的元素并显示：

```
studentList=[#学号:"12033101",#姓名:"张明",#专业:"计算机",#性别:"男",#年龄:21]
y= studentList[3]
Alert string(y)              --对话框显示"计算机"
```

② 通过属性读取属性列表中的元素值，格式如下：

列表名[#元素属性名]

例如，读取属性列表 studentList 中属性名为姓名的元素值。

```
studentList=[#学号:"12033101",#姓名:"张明",#专业:"计算机",#性别:"男",#年龄:21]
y= studentList[#姓名]
Alert string(y)              --对话框显示"张明"
```

【例 8.8】　求 10 名学生中成绩大于平均分的人数，这 10 名学生的成绩为 90、80、70、60、75、85、95、65、92、68。

〖设计步骤〗

（1）新建一个影片，舞台大小为 150×100px。

（2）在舞台上绘制"计算"按钮。

（3）打开"计算"按钮脚本编辑窗口，在 mouseUp 事件过程中输入：

```
score=[90,80,70,60,75,85,95,65,92,68]      --定义列表
repeat with i=1 to 10                      --用循环结构计算 10 名学生成绩之和
      avg=avg+score[i]
end repeat
avg=avg/10                                 --计算成绩平均分，保存在变量 avg
repeat with i=1 to 10                      --用循环结构统计成绩大于平均分的人数
      if score[i]>avg then sum=sum+1
end repeat
   alert string(sum)
```

图 8.18　计算大于平均分的人数

（4）播放影片，单击"计算"按钮，弹出提示框显示结果，如图 8.18 所示。

（5）源文件保存为 sy8_8.dir，发布为 sy8_8.exe。

8.3　事件、脚本和动作

8.3.1　事件

Lingo 脚本采用基于事件的触发机制，任何一个动作，如鼠标单击、鼠标移动、按下键盘中的某个键等，都可成为一个事件。事件发生时，如果有相应的脚本，则按照脚本设置的流程进行处理，否则忽略该事件。

在 Director 中，按事件的来源可分为系统事件和用户自定义事件。系统事件是在 Director 中被预先定义和命名的，而由用户所创建的事件则是用户自定义事件。

大多数系统事件，在一个影片正在播放的时候，会遵循预先定义的顺序自动触发。Director 中常用系统事件的描述见表 8.4。

表 8.4　Director 中常用的系统事件

事 件 名 称	触 发 时 机	使 用 场 合		
		影片	精灵	帧
prepareMovie	在影片载入内存时，可用于创建、初始化全局变量	√		
beginSprite	播放头首次遇到某个精灵时		√	√
prepareFrame	当前帧准备完毕之前	√	√	√
startMovie	播放头进入影片第 1 帧时	√		
enterFrame	播放头进入当前帧时	√	√	√

续表

事 件 名 称	触 发 时 机	使 用 场 合		
		影片	精灵	帧
exitFrame	播放头退出当前帧时	√	√	√
stopMovie	影片停止或结束时，可用于全局变量复位	√		
endSprite	播放头离开指定精灵时		√	√

另外，有的系统事件不会自动触发，如鼠标事件、键盘事件等，需要用户触发它们，其描述见表 8.5。

表 8.5　Director 中的鼠标与键盘事件

事 件 名 称	触 发 时 机	使 用 场 合		
		影片	精灵	帧
keyDown	按下键盘中的某个键	√	√	√
keyUp	释放键盘中按下的某个键	√	√	√
mouseDown	按下鼠标左键	√	√	√
mouseEnter	鼠标经过指定精灵的有效区域	√	√	√
mouseLeave	鼠标离开指定精灵的有效区域	√	√	√
mouseUp	释放按下的鼠标左键	√	√	√
mouseWithin	鼠标进入指定精灵的有效区域	√	√	√
rightMouseDown	按下鼠标右键	√	√	√
rightMouseUp	释放按下的鼠标右键	√	√	√

8.3.2　脚本

脚本是指在 Director 中编写的程序代码。Director 中的脚本大致可以分为影片脚本、行为脚本（包含帧脚本和精灵脚本）、演员脚本和父脚本 4 种类型。

影片脚本、行为脚本和父脚本在演员表中全部作为独立的演员出现，如图 8.19（a）、（b）和（c）所示，而演员脚本则需要附加到演员上，不能作为演员独立出现，如图 8.19（d）所示为添加了演员脚本的按钮演员。这 4 种类型脚本在演员表中所显示的标记各不相同，如图 8.19 所示。

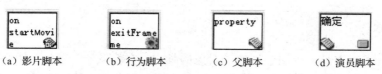

（a）影片脚本　　　　（b）行为脚本　　　　（c）父脚本　　　　（d）演员脚本

图 8.19　4 种类型的脚本

在 Director 中，所编写的脚本与脚本的类型、存储脚本的位置、分配的对象（如精灵或演员）、脚本作用的范围（整部影片或某帧）等因素相关。

1. 影片脚本

影片（Movie）脚本是全局脚本，它不依赖于其他任何演员、精灵和帧，独立存在于影片中。影片脚本常用在 startMovie、stopMovie、idle 等影片独有的一些事件中，用户自定义事件也可在影片脚本里完成。一个影片脚本的事件能够被影片里的其他脚本在影片播放时调用。创建影片脚本的方法：选择"Window | Script（或 New Script Window）"菜单命令，弹出 Script:Movie Script（影片脚本编辑）窗口，在其中指定事件，输入脚本，例如，常用 startMovie 事件完成初始化工作。

2. 行为脚本

行为（Behavior）脚本是被添加到精灵或帧上才能起作用的脚本。它不同于 Director 行为库中的行为。

行为脚本在一个交互式 Director 影片中的应用非常频繁，它能够实现程序的模块化、批量处理，能够控制特定的精灵或帧。相同的行为脚本可以被放置在剧本分镜窗的多个位置。行为脚本分为精灵脚本和帧脚本，创建方法如下。

（1）创建精灵脚本。右击舞台上的某个精灵，弹出快捷菜单，选择 Script 命令，打开 Script:Behavior Script（行为脚本编辑）窗口，其中默认显示 mouseUp 事件过程。本书中，如果未特别指明，脚本编辑窗口都是指行为脚本编辑窗口。

通常，对精灵的操作有单击、双击、鼠标移到精灵上、鼠标移出精灵等。精灵行为脚本常用的事件有 mouseDown（按下鼠标左键）、mouseUp（释放鼠标左键）、mouseLeave（鼠标离开）、mouseWithin（鼠标进入）。

（2）创建帧脚本。双击脚本通道某帧，打开脚本编辑窗口，其中默认显示 exitFrame 事件过程。

3. 演员脚本

演员脚本用于控制演员的属性和行为，是附加于演员本身的脚本，可以把演员脚本看成演员的某种属性。当对一个演员编写了脚本之后，在演员窗格左下角会出现一个演员脚本标记。由该演员创建的所有相应的精灵都会具有相同的脚本，无须再次编写。

创建演员脚本的方法：右击演员表中的演员，弹出快捷菜单，选择 Cast Member Script 命令，打开 Script:Script of Cast Member（演员脚本编辑）窗口，其中默认显示 mouseUp 事件过程。

4. 父脚本

父（Parent）脚本是一种用于创建子对象的脚本，它就像一个模板，用于表示一个对象的属性和所要执行的脚本（通常所说的对象的方法）。当创建一个父脚本的实例后，即生成了一个子对象。一个父脚本可以拥有很多个子对象，这些子对象拥有父脚本的属性和可执行的事件（子过程）。

在设计模式下，行为脚本能够被拖放到精灵上，而影片脚本和父脚本不能被拖放到精灵上。

对已创建的脚本，如果要改变其脚本类型，可利用属性检查器 Script 选项卡的 Type 下拉列表，如图 8.20 所示。

脚本的执行需要由事件来触发。在 Director 中，对事件所发出的系统消息，有一种独特的分层方法来控制系统消息的传播路径，当一个消息被一个脚本接收并触发其中的相应处理例程后，它将被该处理例程截获屏蔽，不会再传送给其他别的例程，也不会出现一个系统消息同时触发两个不同脚本中的同一类型处理例程的情况。

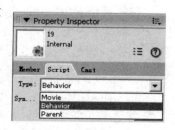

图 8.20　设置脚本类型

在相同事件下，如果同时存在几种脚本，将执行优先级较高的脚本，并屏蔽优先级较低的脚本。一般情况下，脚本优先级顺序如下：精灵脚本、演员脚本、帧脚本、影片脚本。假设发生的用户事件是释放鼠标左键，即 mouseUp 事件，那么消息将按照下面的方式进行传播：

首先检查精灵脚本中是否存在 mouseUp 事件过程，若存在，则触发精灵的 mouseUp 事件，此消息不再进行传播；否则，检测与该精灵相对应的演员脚本中是否存在 mouseUp 事件过程，若存在，则触发演员的 mouseUp 事件，此消息不再进行传播；否则，检测当前帧脚本中是否存在 mouseUp 事件过程，处理方法同前；最后检测影片脚本中是否存在 mouseUp 事件过程，处理方法同前。

脚本的位置安排相当重要，稍有不慎就可能出现问题。例如，在帧脚本中让某个精灵完成一个动作，如果将该帧脚本放到影片脚本中，那么无论在什么地方，只要该精灵所在的通道不为空，通道上的精灵就会做相同的动作。

【例 8.9】　设计制作一个影片，编写 4 个同名的不同类型的 check 事件，用于读取图片上指定像素点的 RGB 值。当鼠标移到图片上某位置时，在文本上将会显示所检测到的颜色和所执行的脚本。本例用于验证脚本执行的优先级。

为验证脚本执行的优先级，可将影片分为 3 个场景，场景 1 包含 check 事件的帧、影片脚本，场景 2 包含 check 事件的演员、帧、影片脚本，场景 3 包含 check 事件的精灵、演员、帧和影片脚本。

〖设计分析〗

当鼠标在图片上移动时，鼠标的 mouseLoc 属性将会返回鼠标在舞台上的当前坐标（称为鼠标舞台坐标），包含水平位置和垂直位置。其使用方式是 the mouseLoc 或_mouse.mouseLoc。

要获得相对于图片精灵的鼠标坐标，需要用鼠标舞台坐标减去图片精灵有效区域左上角的坐标，计算公式为 the mouseLoc-point(sprite(n).rect[1],sprite(n).rect[2])，其中，rect 用于指定图片精灵有效区域的坐标（左、上、右、下）；函数 point(x,y)表示一个点的坐标，式中表示图片精灵有效区域左上角的坐标。

要返回图片上指定像素点的 RGB 值，可使用函数 image.getPixel(x, y)。

〖设计步骤〗

（1）新建一个影片，舞台大小为 320×240px。导入素材 p1.jpg～p3.jpg。

（2）创建文本演员 textbar，用于显示图片上某像素点的 RGB 值。再创建 3 个按钮演员

1、2、3，与 3 个场景相对应。

（3）将演员 p1、p2 和 p3 分别拖放到通道 1 的第 1～5 帧（场景 1）、第 6～10 帧（场景 2）和第 11～15 帧（场景 3）。3 个按钮分别使用通道 3～5 的第 1～15 帧。

（4）创建影片脚本演员。创建演员 8，在影片脚本编辑窗口中输入如下影片脚本：

```
global mcolor                                              --存放指定点颜色值
on startMovie                                              --初始化
    mcolor = rgb(0,0,0)
    member("textbar").alignment = #center                 --设置文本居中对齐
end
on check                                                   --用户自定义事件，类型为影片脚本
    mloc = the mouseLoc-point(sprite(1).rect[1],sprite(1).rect[2])  --计算图片上鼠标的坐标
    mcolor = member("p1").image.getPixel(mloc)            --读取指定像素点颜色值
    member("textbar").text = "影片脚本" & Return & mcolor  --在文本框中显示颜色值
    sprite(2).backcolor = 20                               --文本框背景色
end
```

演员 8 的脚本类型为 Movie，该类型的脚本对所有的场景都有效。

（5）右击演员表中的演员 p2，弹出快捷菜单，选择 Cast Member Script 命令，打开演员脚本编辑窗口，输入如下演员脚本：

```
global mcolor
on mouseWithin
    check
end
on check                              --用户自定义事件，类型为演员脚本
    mloc = the mouseLoc-point(sprite(1).rect[1],sprite(1).rect[2])
    mcolor = member("p2").image.getPixel(mloc)
    member("textbar").text = "演员脚本" & Return & mcolor
    sprite(2).bgcolor = mcolor        --用读取的颜色设置文本框的背景色
end
```

在演员表中，演员 p2 的左下角出现演员脚本标记，表明该演员附有演员脚本。

（6）同样方法，为演员 p3 添加如下演员脚本：

```
global mcolor
on mouseWithin
    check
end
on check                              --用户自定义检测事件，类型为演员脚本
    mloc = the mouseLoc-point(sprite(1).rect[1],sprite(1).rect[2])
    mcolor = member("p3").image.getPixel(mloc)
    member("textbar").text = "演员脚本" & Return & mcolor
end
on mouseUp                            --比演员 p2 多一个事件
    sprite(2).bgcolor = mcolor
end
```

（7）为场景 3 添加精灵脚本。在通道 1 的第 11～15 帧上右击，创建演员 9，在脚本编辑窗口中输入如下精灵脚本：

```
global mcolor
on mouseWithin me
    check
end
on check                    --用户自定义事件，类型为精灵脚本
    mloc = the mouseLoc-point(sprite(1).rect[1],sprite(1).rect[2])
    mcolor = member("p3").image.getPixel(mloc)
    member("textbar").text = "精灵脚本" & Return & mcolor & Return & "弹起鼠标改变背景色"
end
```

（8）为场景 1 添加帧脚本。双击脚本通道第 5 帧，创建演员 10，在脚本编辑窗口中默认显示 exitFrame 事件过程，在其中添加脚本：

```
on exitFrame me
    go the frame
    check                   --调用检测事件
end
```

（9）为场景 2、3 添加帧脚本。双击脚本通道第 10 帧，创建演员 11，在脚本编辑窗口的 exitFrame 事件过程中添加脚本 go to the frame，使播放头停留。然后，复制演员 11 到脚本通道第 15 帧。

（10）为按钮 1、2、3 添加精灵脚本，控制场景跳转，添加的脚本分别为 go 1、go 6、go 11，创建演员 12、13、14。

剧本分镜窗和演员表如图 8.21 所示。

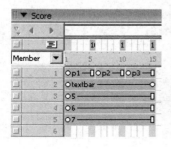 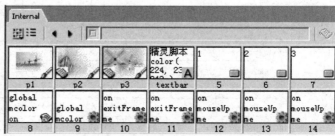

图 8.21　剧本分镜窗和演员表

（11）播放影片，首先显示场景 1（第 1～5 帧），演员 p1 及其在通道 1 中对应的精灵上没有附加 check 事件，演员 10 为帧脚本，它调用了 check 事件，消息被传送给影片脚本，执行影片脚本中的 check 事件，此时，文本框显示"影片脚本"。

单击按钮 2，显示场景 2（第 6～10 帧），演员 p2 上附加了 check 事件，其在通道 1 中对应的精灵上没有附加 check 事件，当鼠标移到该精灵上时，应触发 mouseWithin 事件，但由于精灵脚本中没有附加 mouseWithin 事件，因此消息被传送给演员脚本，执行演员脚本

中的 check 事件过程，并屏蔽消息，不再传送给影片脚本，此时文本框显示"演员脚本"。

单击按钮 3，显示场景 3（第 11～15 帧），当鼠标移到演员 p3 在通道 1 中对应的精灵上时，检测到该精灵上附加了 mouseWithin 事件，在该事件内执行精灵脚本中的 check 事件后，不再将消息传送给演员脚本或影片脚本，故其他类型脚本的 check 事件不再执行，此时文本框显示"精灵脚本"。由于演员 p3 在通道 1 中对应的精灵上没有 mouseUp 事件，因此演员 p3 的 mouseUp 事件不会被屏蔽，当释放鼠标左键时，该演员脚本依然执行。

（12）源文件保存为 sy8_9.dir，发布为 sy8_9.exe。

8.3.3　动作控制

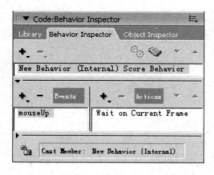

图 8.22　创建行为脚本演员

当触发某个事件时，要执行什么动作，可以在脚本编辑窗口中对应事件过程内输入控制脚本。也可以使用行为检查器：单击 Behavior Popup 按钮，从下拉列表中选择 New Behavior，创建一个新的行为；然后单击 Events 窗格中的 Event Popup 按钮，从下拉列表中选择一个事件，如 mouseUp 事件；然后为该事件指定一个动作，如在当前帧等待，单击 Actions（动作）窗格中的 Action Popup 按钮，从下拉列表中选择 Wait→On Current Frame，如图 8.22 所示。这样将创建一个行为脚本演员，拖动该演员到任意帧上，就可使播放头停在该帧。

1．利用行为检查器创建动作控制脚本

可以利用行为检查器创建的常用动作控制脚本见表 8.6。

表 8.6　常用动作控制脚本

功　能	脚　本	含　义
Navigation（导航）	go to frame n	移动播放头到第 n 帧
	go marker(-1)	播放头移到上 1 个标记处
	go marker(1)	播放头移到下 1 个标记处
	go to movie "Movie File"	跳转到指定影片文件（dir 格式）
	goToNetPage "URL"	跳转到指定网页
	exit	退出当前影片
Wait（等待）	go to the frame	停留在当前帧
	puppetTempo -8	直到按下鼠标或按下键盘上的任意键
	delay 60	等待 1 秒，单位是 ticks，即 1/60 秒
Sound（声音）	sound(n).play(member("演员名称"))	在声音通道 n 中播放声音演员
	sound(n).playFile("文件名")	在声音通道 n 中播放外部音频文件
	sound(n).pause()	暂停播放声音通道 n
	sound(n).stop()	停止播放声音通道 n
	sound(n).volume=k	设置声音通道 n 的音量 k，取值范围为 0～255，0 为无声，255 为最大

续表

功　能	脚　本	含　义
Sound （声音）	sound(n).fadein(时间)	按照给定的时间淡入声音，单位是 ticks
	sound(n).fadeout(时间)	按照给定的时间淡出声音，单位是 ticks
Cursor （光标）	Cursor 260 或 280 或 290	改变光标的形状，260 为 5 指张开，280 为 V 形手势，290 为拳头
	Cursor 0 或 -1	光标恢复原来的形状或还原为默认形状

2. 其他常用动作控制脚本

其他常用动作控制脚本见表 8.7。

表 8.7　其他常用动作控制脚本

命　令	含　义
the currentSpriteNum	获得当前精灵通道号
_mouse.clickOn	获得当前被用户单击激活的精灵通道号
the date 或 _system.date()	返回计算机系统当前日期
the long time 或 _system.time()	返回计算机系统当前时间，格式为 hour:min:s
the moviepath 或 _movie.path	获得影片文件所在路径
random(n)	产生 1～n 之间的随机数
the randomSeed	使用 ticks 属性指定 random() 的一个初始值
quit	退出当前影片
sprite(n).play()	播放通道 n 中的 WMV、WMA、SWF 对象
sprite(n).pause()	暂停通道 n 中的 WMV、WMA 对象
sprite(n).stop()	停止通道 n 中的 WMV、WMA 对象，停止和暂停 SWF 对象
sprite(n).member=member("演员名称")	用演员表中的演员交换通道 n 中精灵的演员
sprite(n).Visible=True/False	显示或隐藏精灵
puppetTransition(n,time)	转场效果，参数 n 为转场方式，取值范围为 1～52；time 为时间，取值范围为 0～120，单位为 1/4 秒
sprite(n).camera.translate(x,y,z)	移动摄像机，即移动通道 n 中的 3D 对象，实现 3D 对象的平移、缩放
member("演员名称").model(index).rotate(x,y,z)	旋转摄像机，即旋转 3D 对象
member("演员名称").light(n).color = RGB(r,g, b)	为 3D 对象添加颜色
texture=member("演员名称").newTexture("color", #fromCastmember, member("材质演员")) member("演员名称").model(1).shader.texture= texture	为 3D 演员添加材质
member("演员名称").resetWorld()	重置 3D 演员，移去为 3D 演员添加的材质、颜色，恢复原来的大小和位置

8.4　应用实例

【例 8.10】　设计制作一个影片，编写脚本实现用鼠标控制 4 个玩具。要求：

① 当鼠标移到玩具 1 上时，玩具 1 将会按顺时针方向不断旋转。

② 每次单击玩具 2，玩具 2 都会水平向左移动 10px。如果玩具 2 的精灵注册点超出窗口的左边界，则自动出现在窗口的右边。

③ 当鼠标移到玩具 3 上时，玩具 3 将会淡化并消失，然后再出现，如此循环。

④ 当鼠标移到玩具 4 上时，玩具 4 将会变形成一条线。

〖设计分析〗

鼠标移到精灵上对应 mouseWithin 事件，单击对应 mouseUp 事件。每个精灵都具有自己的属性，只要控制这些属性，就可以产生需要的效果。精灵属性设置格式：sprite(精灵通道号).属性。常用精灵属性见表 8.8。

表 8.8　常用精灵属性

属 性 名	含 义
rotation	确定精灵旋转的角度
locV	确定精灵注册点的垂直位置，单位为 px
locH	确定精灵注册点的水平位置，单位为 px
blend	确定精灵的不透明度，取值范围为 0～100，0 为透明，100 为不透明
skew	确定精灵斜切的角度

〖设计步骤〗

（1）新建一个影片，舞台大小为 320×240px，默认精灵跨度为 20 帧。导入素材 p1.jpg～p4.jpg。

（2）将演员 p1～p4 拖放到舞台上，生成精灵 Sprite 1～Sprite 4，并调整各精灵的大小和位置。

（3）播放头停留控制。双击脚本通道第 1 帧，打开脚本编辑窗口，在 exitFrame 事件过程内输入 go to the frame，使播放头停留。

（4）为玩具 1 创建旋转行为。在舞台上选择玩具 1 的精灵 Sprite 1，打开脚本编辑窗口，在 mouseWithin 事件过程内输入脚本 sprite(1).rotation=sprite(1).rotation+10，使其不断旋转。

（5）为玩具 2 创建水平移动行为。在舞台上选择玩具 2 的精灵 Sprite 2，打开脚本编辑窗口，在 mouseUp 事件过程内输入以下脚本：

```
sprite(2).locH=sprite(2).locH + 10          --使 Sprite 2 的水平位置增加 10px
if sprite(2).locH<0 then sprite(2).locH=300  --使 Sprite 2 在窗口右边出现
```

（6）为玩具 3 创建淡化消失行为。在舞台上选择玩具 3 的精灵 Sprite 3，打开脚本编辑窗口，在 mouseWithin 事件过程内输入以下脚本：

```
sprite(3).blend=sprite(3).blend-10          --不透明度减 10
```

（7）为玩具 4 创建自动变形行为。在舞台上选择玩具 4 的精灵 Sprite 4，打开脚本编辑窗口，在 mouseWithin 事件过程内输入以下脚本：

```
sprite(4).skew=sprite(4).skew+1              --变形度加 1
if sprite(4).skew>89 then sprite(4).skew = 0  --当图形消失后，自动复原
```

（8）播放影片，检查效果。

（9）源文件保存为 sy8_10.dir，发布为 sy8_10.exe。

【例 8.11】　制作数字式时钟。

〖设计分析〗

时钟主要涉及时间函数 the long time，它返回计算机系统当前时间，这是一个格式为"时:分:秒"的字符串。可以直接将当前时间用文本域输出。如果对显示的数字字体有特殊要求，可事先制作 10 个数字的图形，在 exitFrame 事件过程内使用交换精灵演员的方法来显示图形数字。图 8.23 所示上半部分采用了图形数字显示，下半部分为字符数字。

图 8.23　数字式时钟

当采用图形数字显示时，需要从当前时间字符串中分离出每个字符，用相应的图形数字替换它。从字符串中取出字符可以使用函数 chars(字符串,开始位置,结束位置)来实现，当开始位置与结束位置相同时，将会返回单个字符，例如，chars(newtime,2,2)将会返回字符串 newtime 中的第 2 个字符。

注意：当"时"数据为 1 位数字时，如 8:05:02，为了保证返回数据格式的一致性，需要给返回的"时"数据添加前导字符 0。使用 if chars(newtime,2,2)=":"可以判断变量 newtime 中当前的时数是否为 1 位数。

〖设计步骤〗

（1）新建一个影片，舞台大小为 320×240px。导入素材 n-0.jpg～n-9.jpg 作为图形数字演员，对应数字 0～9。

（2）放置占位位图。将图形数字演员 n-0～n-5（也可以是任意数字）拖放到舞台上，分别作为时、分、秒（各 2 位）的占位位图，使用冒号（可使用同一个文本演员）分隔。为了简化控制脚本，作为"时"占位位图的演员 n-0 和 n-1 使用通道 1 和 2，作为"分"占位位图的演员 n-2 和 n-3 使用通道 4 和 5，作为"秒"占位位图的演员 n-4 和 n-5 使用通道 7 和 8。冒号演员使用通道 3 和 6。

（3）创建文本域演员 clock，用于输出当前时间。

（4）创建帧脚本演员。双击脚本通道第 1 帧，添加脚本如下：

```
on exitFrame me
    go to the frame                      --使播放头停在第 1 帧
    newtime=the long time                --返回计算机系统当前时间
    if chars(newtime,2,2)=":" then       --判断当前"时"数据是否为 1 位数
        newtime="0" & newtime            --前面加"0"
    end if
    repeat with i = 1 to 8               --控制通道 1~8
        if i<>3 and i<>6 then            --不是通道 3 和 6
            k=chars(newtime,i,i)         --返回一个数字
            sprite(i).member=member("n-" & k)  --交换精灵的演员为对应的图形数字演员
```

```
            end if
        end repeat
        member("clock").text =newtime              --将当前的时间输出到一个文本域中
    end
```

（5）播放影片，检查效果。

（6）源文件保存为 sy8_11.dir，发布为 sy8_11.exe。

【例 8.12】   制作一个影片，背景图下方有"植树"和"初始化"两个按钮。

要求：单击"植树"按钮，将使用父脚本创建树精灵，并对该树精灵随机赋予移动步长、水平位置、最终垂直位置等内容，然后产生树生长的动画。同时，允许用鼠标移动所创建的树精灵。单击树精灵，可以随机改变树的品种。单击"初始化"按钮，将会清除窗体上产生的树精灵，回到初始状态。效果如图 8.24 所示。

（a）初始状态　　　　　　　　　　　　　　　　　　（b）创建树精灵

图 8.24   使用父脚本创建树精灵

〖设计分析〗

要通过父脚本创建新的子对象，在父脚本中必须要有一个 new 事件（子过程）。在该事件过程中，用 return(me)返回子对象。根据具体问题，父脚本中还要提供实现某些功能的事件过程。

对父脚本的调用可在影片脚本中完成。调用格式：子对象名= new(父脚本名,参数)。该调用将会产生子对象实例，子对象名是一个变量。子对象继承父脚本中所有的事件，在父脚本中被定义的事件，可以通过"子对象名.父脚本中事件名"格式调用。可以将子对象名变量放进列表中，当作一个参数来传递。

〖设计步骤〗

（1）新建一个影片，舞台大小为 512×342px，精灵跨度为 5。

（2）导入素材 bg.jpg（背景图）和 t1.jpg～t5.jpg（5 个品种的树）。将演员 bg 拖放到舞台上，然后在舞台上绘制"植树"和"初始化"两个按钮，并调整各精灵的大小和位置。

（3）当通过父脚本创建的子对象为精灵时，在使用这些精灵前，必须在通道中为其预留位置，因此需要创建占位演员。为了减小影片文件的大小，这里创建一个 1bit 的位图作为占位演员：打开 Paint 窗口，绘制一个点，双击 Color Depth 工具 32 bits，打开 Transform

Bitmap 对话框，指定 Color Depth 为 1bit，如图 8.25 所示。占位演员重命名为 p。

将占位演员 p 拖放到通道 6～10 中，使用第 2～5 帧。这里不从第 1 帧开始，因为单击"初始化"按钮后，需要清除窗体上所产生的树精灵。对通道 6～10 的第 2～5 帧，在属性检查器的 Sprite 选项卡中，按下 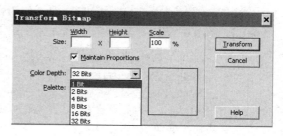 按钮设置 Moveable 属性，使舞台上的 5 个占位精灵可用鼠标移动。

图 8.25 1bit 的位图

（4）创建父脚本演员 treeparent。本例的父脚本需要包含创建树精灵、初始化子对象、产生树生长的动画、随机改变树的品种 4 个事件。

创建脚本演员 10，在属性检查器 Script 选项卡的 Type 下拉列表中指定脚本类型为 parent（父脚本），在影片脚本编辑窗口中输入如下脚本：

```
--在父脚本的开始处声明属性变量：psNo 为精灵通道号，pMemberName 为演员名称
--pLocV 为当前垂直位置，pStep 为移动步长，pFinalLocV 为最终垂直位置
property psNo, pMemberName, pLocV, pStep, pFinalLocV
--new 事件用于创建子对象，由 return 返回结果
on new(me)
    return(me)
end
--mInitializeObj 事件初始化子对象参数：设置精灵通道号、移动步长、水平位置、最终垂直位置等
on mInitializeObj(me,mysNo)              --me 和 mysNo 为调用参数
    pLocV =300                          --根据舞台大小，设置树精灵开始位置
    psNo=mysNo                          --赋值给精灵通道号
    pStep = 5*random(3)                 --步长为 5 的倍数，在 5～15 之间随机产生
    pFinalLocV = 50 + random(150)        --随机的最终垂直位置，介于 51～200 之间
    pMemberName = "t" & random(5)        --从演员 t1～t5 中随机指定精灵对应的演员
    sprite(psNo).member = pMemberName
    sprite(psNo).locV = pLocV           --设置精灵的初始垂直位置
    sprite(psNo).locH =50 + random(400)  --设置精灵的水平位置
end
--mGrow 事件用于按设置的移动步长垂直向上移动树的位置，产生树生长的动画
on mGrow me
    if pLocV > pFinalLocV then          --测试是否到达最终垂直位置
        pLocV = pLocV - pStep
        sprite(psNo).locV = pLocV
    end if
end
--mChangetree 事件用于随机改变树的品种
on mChangetree me
    sprite(psNo).member = "t" & random(5)   --随机选择一种树，交换精灵的演员
end
```

（5）创建影片脚本演员。影片脚本需要实现全局变量的声明、调用父脚本产生子对象、调用 mChangetree 事件改变树的品种、初始化子对象属性、重新初始化窗体等。创建脚本演员 11，在影片脚本编辑窗口中输入如下脚本：

```
--在脚本开始处声明全局变量：mysNo 为子对象控制号，newtObj 为子对象名
--gtObjList 为存放子对象名的列表
global mysNo, global newtObj,global gtObjList
--startMovie 事件在播放头进入影片第 1 帧时，进行影片初始化设置
on startMovie
    _global.clearGlobals()              --清除所有的全局变量
    gtObjList = []                      --创建存放子对象名的列表
    mysNo = 5                           --子对象控制号初始值，从通道 6 开始
end
--planttree 事件产生新树子对象，单击"植树"按钮调用
on planttree
    mysNo = mysNo + 1                   --当前子对象控制号
    if mysNo > 10 then mysNo=6          --若超过最后一个占位精灵，再从通道 6 开始
    newtObj = new(script "treeparent")  --调用父脚本创建子对象，用 newtObj 标记
    newtObj.mInitializeObj(mysNo)       --调用 mInitializeObj 事件，初始化子对象
    gtObjList.add(newtObj)              --存放子对象到列表中，列表序号从 1 开始
end
on changetree
    treeNo = _mouse.clickOn - 5         --得到被单击的精灵通道号
    treeObj = gtObjList[treeNo]         --从列表中读出对应的子对象
    treeObj.mChangetree()               --调用子对象的 mChangetree 事件
end
--goStart 事件单击"初始化"按钮时被调用，进行初始化
on goStart
    go to 1                             --将播放头移到第 1 帧，清除窗体上的所有树精灵
    startMovie()
end
```

其中，changetree 事件改变树的品种，单击树精灵时被调用。开始时，树精灵并不存在，它只在影片播放时才产生，因此，该行为无法直接附加到树精灵上。当该事件被执行时，需要先判断对哪个精灵进行操作，_mouse.clickOn 可返回当前单击对象的通道精灵号。本例设计的占位精灵从通道 6 开始，因此子对象控制号 mysNo 从 6 开始，而存放在 gtObjList 列表中对应子对象的序号从 1 开始，二者相差 5。据此，可以从 gtObjList 列表中读出对应的子对象，然后执行 mChangetree 事件完成树品种的改变。

（6）为"植树"按钮添加行为，调用 planttree 事件，产生子对象。在舞台上右击"植树"按钮，创建演员 12，打开脚本编辑窗口，在 mouseUp 事件过程内添加脚本 planttree()。

（7）为"初始化"按钮添加行为，调用 goStart 事件，重新初始化。在舞台上右击"初始化"按钮，创建演员 13，打开脚本编辑窗口，在 mouseUp 事件过程内添加脚本 goStart。

（8）创建行为脚本演员，调用 changetree 事件，在该事件中判断所操作的树精灵，进行

精灵演员的交换。由于树精灵在影片播放时才出现，所以该行为不能事先附加到树精灵上。在脚本编辑窗口中单击 ✚（New Cast Member）按钮，新建行为脚本演员 14，输入脚本：

```
on mouseUp
    changetree()
end
```

（9）为树生长的动画添加行为。本例用树精灵垂直向上移动作为树生长的动画。由于 mGrow 事件每执行一次，树精灵只按设置的步长垂直向上移动一个位置，为了能产生连续移动的效果，可在 exitFrame 事件中调用 mGrow 事件，并使播放头停留在该帧，形成循环。双击脚本通道第 5 帧，创建演员 15，打开脚本编辑窗口，添加脚本如下：

```
on exitFrame me
    global gtObjList
    go to the frame
    repeat with treeObj in gtObjList
        treeObj.mGrow()                    --调用子对象的 mGrow 事件
    end repeat
end
```

剧本分镜窗和演员表如图 8.26 所示。

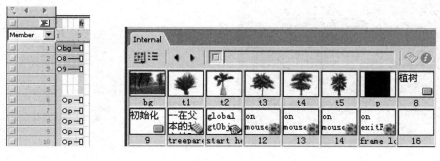

图 8.26　剧本分镜窗和演员表

（10）播放影片，测试效果。

（11）源文件保存为 sy8_12.dir，发布为 sy8_12.exe。

8.5　上机实践

1．创建单选钮组（添加控件行为中的单选钮组行为），其中包含"计算机"、"英语"和"国际贸易"三个项目，应用 if 语句，按选定的单选项将结果输出到提示框中，效果如图 8.27 所示。源文件保存为 t8_1.dir，并发布为 t8_1.exe。

2．应用 repeat 语句，计算 $50+51+52+\cdots+n$ 的和，通过域文本输入任意大于 50 的整数 n，通过文本输出计算结果。源文件保存为 t8_2.dir，并发布为 t8_2.exe。

图 8.27　程序运行效果

3．应用 repeat 语句和列表，通过函数 random()产生 10 个 1～100 之间的随机整数，计算这 10 个数的平均值，并输出其中大于平均值的数的个数，通过文本显示这 10 个随机整数，以及计算结果。源文件保存为 t8_3.dir，并发布为 t8_3.exe。

4．利用 Lingo 脚本制作媒体音乐点播器，运行效果如图 8.28 所示。源文件保存为 t8_4.dir，并发布为 t8_4.exe。

提示：显示当前选择的音频文件需要使用域文本。播放外部音频文件，可使用脚本 sound(声音通道).playFile("音频文件名")。

5．利用 Lingo 脚本制作计算机系统检测程序，如图 8.29 所示。源文件保存为 t8_5.dir，并发布为 t8_5.exe。

图 8.28　音乐点播器

图 8.29　计算机系统检测程序

提示：计算机系统检测可以使用表 8.9 中列出的脚本。

表 8.9　与计算机系统相关的脚本

脚　　本	功　能　描　述
the colorDepth	检查和设置显示器的色深
the deskTopRectList	桌面的大小（与显示器分辨率相关），输出为 rect(0,0,宽,高)
cacheSize	缓存大小
the memorySize	影片使用的内存总数
the multiSound	声卡是否支持多声道（True/False）
the platform	系统平台类型
the soundDevice	声卡设备
the soundEnabled	声音是否打开（True/False）

第9章

Audition音频编辑基础

声音是人类表达思想和情感的重要媒介，是用于传送信息的媒体。在多媒体技术领域，声音主要表现为语音、自然声和音乐。运用声音，能够使人们更加直观、感性地认识和理解多媒体作品所表达的含义。

音频信息处理技术是多媒体技术的一个重要分支。随着多媒体信息处理技术的发展，音频处理技术得到了广泛的应用。数字音频是用于表示声音强弱的数据序列，由模拟声音经过抽样、量化和编码后得到。简单地说，数字音频的编码方式就是数字音频格式。目前较常用的音频格式包括 MP3、MIDI、WAV、WMA、CDA 等。

本章主要介绍 Adobe 公司的 Audition CC（简称 Audition）软件的基本使用及音频处理方法。

9.1　初识 Audition

Audition 中大部分功能都是通过面板的形式提供的，所有面板开关命令都集中位于"窗口"菜单中，如果在界面中找不到某些功能，可以在"窗口"菜单中查看对应面板是否为激活状态，菜单命令前面有对钩标记的说明该面板已经打开，反之则没有打开。如果想关闭一个面板，可以单击面板名称右侧的 按钮打开通用下拉菜单，选择"关闭面板"即可，如图 9.1 所示。

在这些面板中，必须掌握的基础面板有编辑器、文件面板、效果组面板，下面分别进行介绍。

图 9.1　面板的通用下拉菜单

9.1.1　编辑器

编辑器就是编辑音频文件的地方，Audition 的编辑器分为波形编辑器（见图 9.2）和多轨编辑器（见图 9.3）。波形编辑器只能编辑单个音频文件，多轨编辑器则可以同时编辑多个音频文件。

波形编辑器有自己特有的一套音频处理功能，例如，降噪、声音移除等，这些功能只能在波形编辑器中使用，所以我们往往要把波形编辑器和多轨编辑器结合起来使用。在多轨编辑器里，双击一个音频剪辑，就会在波形编辑器打开它，在这里应用一些波形编辑器的处理功能之后，再切换多轨编辑器（快捷键 0）。

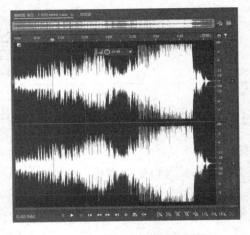

图 9.2　波形编辑器

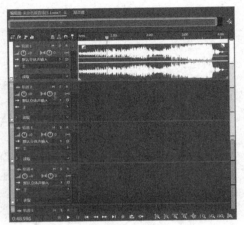

图 9.3　多轨编辑器

在多轨编辑器中可以创建多个轨道进行混音，例如，如果想听着伴奏录音，就必须在多轨编辑器中完成，因为需要在录音时同时播放伴奏，这在波形编辑中无法完成。

编辑器本身就带有播放控件，各个按钮的功能如图 9.4 所示。

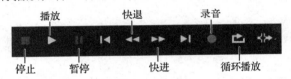

图 9.4　播放控件

波形编辑器和多轨编辑器最重要的一个区别是，在波形编辑器中，如果执行"文件｜保存"菜单命令，所做的更改将直接保存在硬盘上的原文件中，这就是所谓的"破坏性编辑"。如果对音频文件进行了破坏性编辑，并且关闭了 Audition，那么原来的音频文件将无法复原，这是特别需要注意的一点。相反，在多轨编辑器中，对音频所做的操作都是非破坏性的，保存的是 Audition 项目文件，原来的音频文件不会受影响。

9.1.2　文件面板

图 9.5　文件面板与"导入文件"按钮

文件面板是当前项目的素材库，如图 9.5 所示，单击"导入文件"按钮，在弹出的对话框中可以选择需要导入的一个或多个音频文件。所导入的音频文件都会显示在文件面板中，可以将音频文件拖放到多轨编辑器中；双击音频文件，则用波形编辑器打开它。

9.1.3　效果组面板

效果组面板是为音频文件或轨道添加音频效果的地方，如图 9.6 所示，最多可以添加 16个效果器，单击右端的小三角图标会弹出效果器的分类列表，每个分类列表中都有若干个效果器，单击效果器名称即可加载效果器。

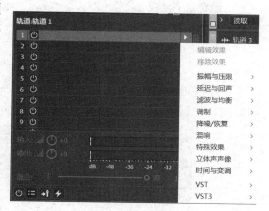

图 9.6　效果器分类列表

图 9.6 所示列表中的效果器，都是"实时处理效果"，即加载后能够随时改变其参数，能够实时听到它的处理结果，即使添加多个也是如此。如果想要删除某个效果器，单击列表中的"移除效果"选项即可。

另外有一些"非实时处理效果"位于"效果"菜单中。例如，常用的降噪功能就是一个非实时处理效果，这种处理效果的名称后面都标有"（处理）"，如图 9.7 所示。它们只能在波形编辑器中使用，其特点是一次只能打开一个，且必须单击效果组面板中的"应用"按钮之后才能保留它的处理效果。每次应用，都会直接改变音频文件的内容，所以它们大部分都有相当明确的目的，例如，降噪、变调、添加音量变化等只需一次完成而不必反复修改参数的效果处理。

在波形编辑器中只能编辑单个音频，所以添加的处理效果都是针对当前音频的，如果想将处理过的最终效果保存到音频文件中，必须单击"应用"按钮。

多轨编辑器的效果组面板中比波形编辑器多了两个按钮："剪辑效果"按钮和"音轨效果"按钮，如图 9.8 所示。

图 9.7　标有"（处理）"的非实时处理效果

图 9.8　"剪辑效果"和"音轨效果"按钮

"剪辑"是指多轨会话中相互独立的音频片断。单击"剪辑效果"按钮，可以为每个音频片断添加不同的效果组，即使这些音频片断位于同一个轨道中也可以有各自不同的效果组。单击"音轨效果"按钮，可以为整个轨道添加效果组，只要音频剪辑位于这个轨道上，就都会受该效果组的影响。

9.1.4　工具面板

在工具面板上可以选择 Audition 的各种工具，如图 9.9 所示。

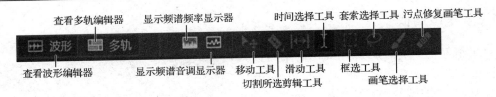

图 9.9　工具面板

单击"显示频谱频率显示器"按钮，如图 9.10 所示，波形编辑器中会显示当前音频的频谱图，可以查看音频在各个频率上的能量分布，也可以查看音频文件包含的最高频率。

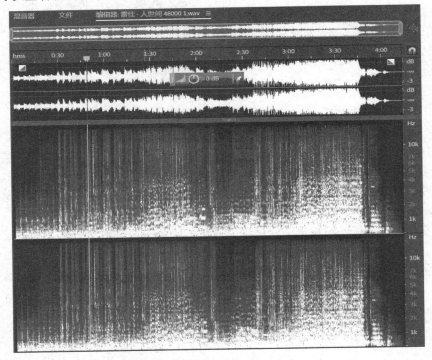

图 9.10　频谱频率显示器

单击"显示频谱音调显示器"按钮，波形编辑器中会显示当前音频内容的音高曲线（只能分析单音音频），可以查看一些单音音频的音高是否准确，例如，人声演唱的音高曲线。

时间选择工具（T）：这是同时适用于波形编辑器和多轨编辑器的工具，使用它可以选择一个时间范围。在波形编辑器中，可以用它选择波形，以便进行删除、添加效果等操作；在多轨编辑器中，可以用它指定需要导出的时间范围、循环播放范围等。

以下 3 个工具只能在多轨编辑器中使用。

移动工具（V）：用于选择、移动音频剪辑。

切割所选剪辑工具（R）：用于将音频剪辑切开。

滑动工具（Y）：使用滑动工具在音频剪辑内部拖动，可以在不改变该剪辑边界位置的同时将其中音频内容前后移动。

以下 4 个工具只能在波形编辑器中使用。

　　框选工具（E）：使用它可以在频谱频率显示器中选择一个矩形区域的频率内容，从而让用户只针对某个频率范围进行处理（例如，删除这一部分频率内容）。

　　套索选择工具（D）：与框选工具类似，使用它也可以在频谱频率显示器中选择频率内容，不过比框选工具更自由，能够勾画出任意形状的频率区域。

　　画笔选择工具（P）：也用于在频谱频率显示器中选择频率内容，其特殊之处在于它可以像画笔一样在频率上涂抹，涂抹次数越多的地方，其受之后处理的影响越大，这样我们能够对某一区域的频率进行渐变式处理。

　　污点修复画笔工具（B）：用于有针对性地抹除音频中的人为噪声（例如，说话时的咽口水声），使用它在噪声所在位置涂抹即可。

9.2　波形编辑器的应用

　　如果用户喜欢音乐中的某一部分，或者喜欢某部影片中的经典对白，可以使用 Audition 轻松地截取自己喜欢的部分，并将其制作成为一个单独的音频文件，在不同的场景中使用。

【例 9.1】　　在音乐中截取一段音频，并设置淡入淡出效果。

〖设计步骤〗

（1）导入素材。运行 Audition，选择"文件｜打开"菜单命令，在弹出的对话框中选择音频文件 s9_1.mp3。

（2）选择音频片断。在波形编辑器中使用时间选择工具 Ⅰ，在音频文件的波形中按住鼠标左键拖动，选取一段波形，如图 9.11 所示。按空格键可以试听选取的音频片断。

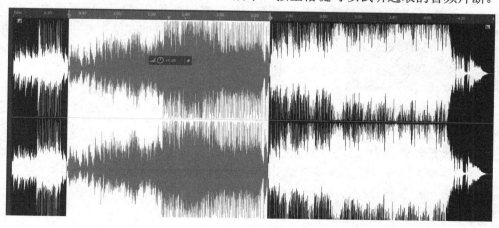

图 9.11　选取音频片断

　　（3）选择"编辑｜复制到新文件"菜单命令，将被选中的音频片断复制到新文件中。

　　（4）在新文件（默认文件名"未命名 1"）中，向左拖动右上角的淡出按钮 ◣，制作音频的淡出效果，向右拖动左上角的淡入按钮 ◢，制作音频的淡入效果，如图 9.12 所示。

　　（5）选中新文件，选择"文件｜另存为"菜单命令，弹出另存为对话框，设置新的文件名、保存位置以及格式，单击"确定"按钮。

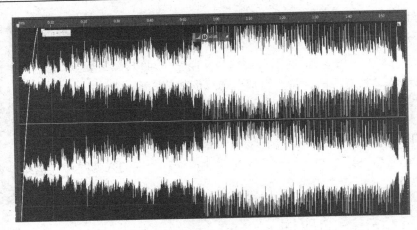

图 9.12　淡入淡出效果

注意：在波形编辑器中，如果选择"文件｜保存"菜单命令会直接更改原文件内容，因此，最好使用"文件｜另存为"菜单命令。

【例 9.2】　合并两段音频，并调整其音量大小。

〖设计分析〗

生活中获得的音频素材一般都比较单调，如果想要得到一些具有特殊效果的音频，通过简单的剪辑就能实现。

〖设计步骤〗

（1）导入音频文件 s9_21.mp3 和 s9_22.mp3，按空格键可试听两段音频的效果。

选区/视图 三			
	开始	结束	持续时间
选区	2:00.000	4:48.914	2:48.914
视图	0:00.000	4:48.914	4:48.914

图 9.13　选区时间设置

（2）在波形编辑器中打开 s9_21.mp3，要选中某段音频，可以通过设置波形选区开始时间和结束时间的方法实现，如图 9.13 所示。在选中的波形选区上右击，在快捷菜单中选择"删除"命令。

（3）在波形编辑器中打开 s9_22.mp3，选中要复制的波形选区，右击，在快捷菜单中选择"复制"命令（Ctrl+C 组合键）。

（4）在波形编辑器中打开 s9_21.mp3，定位到目标位置（文件末尾），右击，在快捷菜单中选择"粘贴"命令（Ctrl+V 组合键），将刚才复制的波形选区粘贴过来。

（5）选择"文件｜另存为"菜单命令，设置新的文件名、保存位置以及格式，单击"确定"按钮，完成两段音频的合并。

9.3　多轨编辑器的应用

在多轨编辑器中，可以对音频进行简单的编辑操作，使制作的音频符合用户的需求。

1. 新建多轨会话

新建多轨会话，打开 Audition 后，选择"文件｜新建｜多轨会话"菜单命令，在弹出的对话框中，根据需要设置会话名称、文件夹位置、采样率、位深度等，如图 9.14 所示。

位深度高，能产生更大的动态范围、更高
的保真度。Audition 建议将位深度设置为"32
（浮点）"位，然后在最终导出的时候再设置位
深度为 16 或 24 位。音乐 CD 中音频的位深度
为 16 位，DVD 中音频的位深度为 24 位。

采样率高，音频文件就能够记录更高的频
率。人耳能听到的频率范围是 20～20000Hz。
当采样率设置为 44100Hz 的时候，能够记录
的最高频率是 22050Hz，已经超过人耳能听到
的最高频率，理论上足够了。

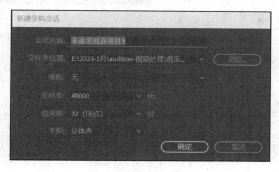

图 9.14　"新建多轨会话"对话框

2. 导入音频文件

音频编辑前，可先将需要使用的音频文件导入文件面板（素材库）中，在多轨编辑器
中，只需按住鼠标左键将文件拖放到项目窗口中即可。

3. 修剪音频

使用工具面板中的移动工具 ▶️ 和切割所选剪辑工具 ◆，可完成简单的修剪音频任务。
选中切割所选剪辑工具之后，在需要切开的位置单击，音频剪辑就被切开了，再选中移动
工具，拖动音频剪辑即可改变它的位置。

4. 新建删除轨道

Audition 中针对轨道的大部分操作命令都位于"多轨"菜单中，"轨道"子菜单如图 9.15
所示。其中，"添加单声道音轨"命令新建用于录制单声道人声的轨道（如解说词），"添加
立体声音轨"命令新建用于回放立体声音频文件的立体声轨道，"删除所选轨道"命令用于
删除轨道，需先在多轨编辑器中选择相应的轨道。

图 9.15　"轨道"子菜单

5. 缩放

在多轨编辑器右下角，有一排缩放按钮可用于对当前的视图进行缩放，如图 9.16 所示。

图 9.16　缩放按钮

其中部分按钮功能说明如下。

全部缩小：单击该按钮可以将视图调整为完整显示整个项目的内容。

放大入点：如果用时间选择工具 I 选取了一个范围，单击该按钮会以所选范围开始的位置为中心进行横向放大；如果没有选取范围，则会以当前播放头所处的位置为中心进行横向放大。

放大出点：如果用时间选择工具 I 选取了一个范围，单击该按钮会以所选范围结束的位置为中心进行横向放大；如果没有选取范围，则会以当前播放头所处的位置为中心进行横向放大。

缩放至选区：如果用时间选择工具 I 选取了一个范围，单击该按钮会将显示区域横向缩放到当前所选择的范围。

缩放所选区域：单击该按钮会将当前所选择的轨道纵向缩放为充满视图。

6. 导航

使用多轨编辑器上方和右侧的导航栏可以进行导航。拖动导航栏中的选区范围，可以将视图横向、纵向移到项目的其他位置，在选区边缘按住鼠标左键拖动可以更改当前的显示范围，也可以用导航栏中的选区来进行缩放。

7. 保存多轨会话

选择"文件｜保存"菜单命令，保存当前的多轨会话，如果当前会话包含的文件不在项目文件夹中，则会弹出提示框，询问是否将这些文件复制到项目文件夹中。如果硬盘空间足够，建议单击"是"按钮，防止下次打开会话时找不到之前使用的文件。

8. 将文件导出为音频文件

选择"文件｜导出｜多轨混音"菜单中的命令可以将编辑结果导出为音频文件："整个会话"命令会将会话中的所有内容导出为音频文件，"时间选区"命令只导出当前选区范围内的音频内容，而"所选剪辑"命令只导出当前选择的所有音频剪辑形成的内容。

【例 9.3】　为古诗朗诵添加背景音乐。

〖设计步骤〗

（1）导入素材"水调歌头-朗读.mp3"和"水调歌头-配乐.mp3"，单击"打开"按钮。

（2）单击 多轨 按钮，在弹出的"新建多轨会话"对话框中，设置会话名称和文件夹位置，其他使用默认设置，单击"确定"按钮，新建一个多轨会话。

（3）在文件面板中将"水调歌头-配乐.mp3"拖放到轨道 1 中，将"水调歌头-朗读.mp3"拖放到轨道 2 中。

（4）将鼠标移到轨道 1 中，当鼠标光标变成十形状时，拖动轨道 1 中的音频，使其与轨道 2 中的音频对齐，如图 9.17 所示。

（5）向右拖动左上角的淡入按钮▰，向左拖动右上角的淡出按钮▰，制作音频的淡入淡出效果。

（6）选择"多轨｜将会话混音为新文件｜整个会话"菜单命令，将这两个音频文件混音为一个文件。

图 9.17　对齐多轨音频

（7）保存文件。

【例 9.4】　流水声和鸟鸣声混音。

〖设计分析〗

本例主要学习如何选取多个轨道中的音频进行混音。混音时，需要调整选中轨道的音量及立体声的平衡效果。

〖设计步骤〗

（1）启动 Audition，新建一个多轨会话，名称为"流水鸟鸣"。

（2）导入"流水声.mp3"。然后在文件面板中选中"流水声.mp3"，单击▦（插入多轨混音中）按钮，在下拉列表中选择"流水鸟鸣"，如图 9.18 所示。

（3）选择"多轨｜插入文件"菜单命令，在弹出的对话框中选择素材"鸟鸣声.mp3"，单击"打开"按钮。

（4）使用移动工具，调整"鸟鸣声"在轨道中的位置，如图 9.19 所示，并按 Enter 键进行试听。

图 9.18　插入音频到多轨混音中

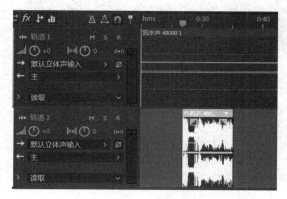

图 9.19　调整轨道 2 中音频的位置

（5）选中轨道 1，设置音量为+15。选中轨道 2，设置音量为-20，设置立体声平衡为 R20，如图 9.20 所示。

（6）使用时间选择工具 ，选择准备创建选区的多轨音频片断，如图9.21所示，选择"文件 | 导出 | 多轨混音 | 时间选区"菜单命令，弹出"导出多轨混音"对话框，设置文件名以及保存位置，单击"确定"按钮。

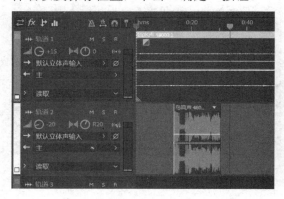

图 9.20　轨道 1 和轨道 2 面板设置

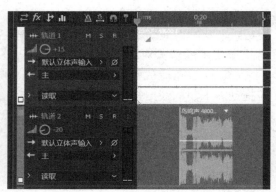

图 9.21　选择多轨音频片断

图 9.22　"效果-伸缩与变调"对话框

【例 9.5】　改变音频的播放速度。

〖设计分析〗

生活中常常听到的舞曲，一般是通过改变音乐节奏，再配上节奏感十足的鼓点音乐混合而成的，本例示范如何修改音频的播放速度。

〖设计步骤〗

（1）启动 Audition，导入素材 s9_5.mp3。

（2）选择"效果 | 时间与变调 | 伸缩与变调（处理）"菜单命令，打开"效果-伸缩与变调"对话框，勾选"初始变调"单选钮并设置为 0 半音阶，勾选"最终变调"复选框并设置为 20 半音阶，如图 9.22 所示，单击"应用"按钮，可得到音频的变速效果。在波形编辑器中可观察音频波形的变化。

（3）保存文件。

9.4　应用实例

【例 9.6】　移除人声制作伴奏带。

〖设计分析〗

使用 Audition 提供的"人声移除"效果可以制作伴奏音乐。在现实生活中，这种方法既快捷又实用。在人声移除设置中，"中心声道电平"越低，人声越低；"中置频率"越低，人声也越低；"侧边声道电平"越高，伴奏声越高。移除人声时，一般设置"中心声道电平"

为最低，"侧边声道电平"略高，并微调"中置频率"。移除人声对音频中原唱的去除效果较好，否则需要多次使用效果器调整。

〖设计步骤〗

（1）打开音频文件 s9_6.wav。选择"文件 | 另存为"菜单命令，设置新的文件名保存。这是因为波形编辑器的操作可能会破坏原音频文件。在音频的波形上双击，将波形全部选中，如图 9.23 所示。

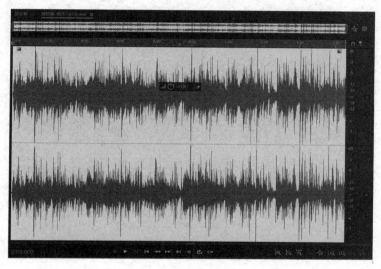

图 9.23　双击选中波形文件

（2）选择"效果 | 立体声声像 | 中置声道提取器"菜单命令，打开"效果-中置声道提取"对话框，在"预设"下拉列表中选择"人声移除"，将"中心声道电平"设置为-48dB（最低），将"侧边声道电平"设置为 10dB，如图 9.24 所示，按空格键试听效果，人声已移除，单击"应用"按钮。

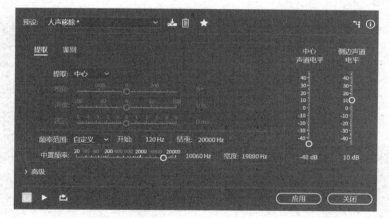

图 9.24　设置人声移除

（3）保存文件。

【例 9.7】　增大演讲者的声音，同时降低环境噪声。

〖设计步骤〗

（1）打开音频文件"美文.wav"，按空格键试听效果。

（2）使用时间选择工具 ，选中音量较低的波形，如图 9.25 所示。

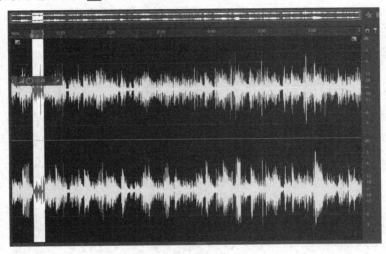

图 9.25　选中音量较低的波形

（3）选择"效果 | 振幅和压限 | 标准化（处理）"菜单命令，在弹出的对话框中勾选"标准化为"复选框，设置为 100%，单击"应用"按钮，如图 9.26 所示。

（4）使用相同的方法，对音频中其他音量较小的波形进行标准化处理。

（5）选中所有音频，选择"效果 | 振幅与压限 | 语音音量级别"菜单命令，弹出"效果-语音音量级别"对话框，展开"高级"选项，如图 9.27 所示，设置"目标音量级别"和"电平值"为最大值，勾选"压限器"和"噪声门"复选框并进行设置，可以按空格键试听，最后单击"应用"按钮。

图 9.26　标准化处理

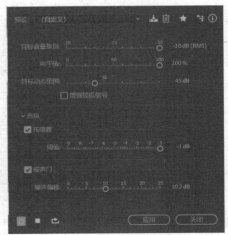

图 9.27　设置语音音量级别

（6）保存文件。

【例 9.8】　将单独的声音制作成合唱。

〖设计分析〗

Audition 提供的"和声"效果可以非常容易地对人声进行润色，还可以将单独的声音处理成合唱的效果。

〖设计步骤〗

（1）打开素材 s9_8.mp3，按空格键试听后，使用时间选择工具 I 将 0:30～1:30 之间的波形选中。

（2）选择"效果 | 调制 | 和声"菜单命令，弹出"效果-和声"对话框，在"特性"栏中，将"声音"设置为 10，勾选"最高品质（占用较多处理容量）"复选框，在"立体声宽度"栏中勾选"平均左右声道输入"复选框，设置和声效果，如图 9.28 所示。

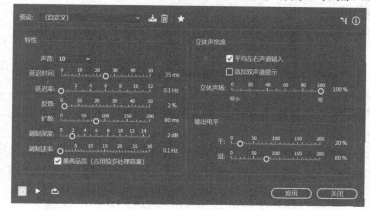

图 9.28　设置和声效果

（3）单击"应用"按钮，开始处理音频，完成后可以进行试听。

（4）保存文件。

【例 9.9】　制作 LOOP 素材音频。

〖设计分析〗

LOOP 素材音频是指很短的音乐片断，长度一般为 1～2 字节。制作 LOOP 素材音频时，为了让它们不断地重复且衔接自然，每个 LOOP 素材音频都应有相对完整的节奏。

〖设计步骤〗

（1）新建一个多轨会话，导入素材 s9_9.mp3。

（2）进入多轨编辑器，将 s9_9.mp3 拖入轨道 1 中。

（3）在轨道 1 音频上右击，弹出快捷菜单，选择"循环"命令，此时在音频波形的左下角可以看到一个表示循环的小图标，如图 9.29 所示。

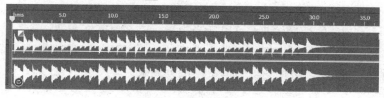

图 9.29　循环小图标

（4）将鼠标移到音频波形右侧边界，当光标变为 ⊹ 形状时，拖动波形边界，可以得到一段同样的音频。本例循环了 5 次，如图 9.30 所示。

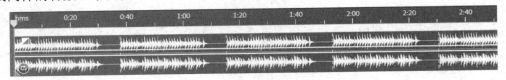

图 9.30　循环音频效果

（5）选择"文件 | 导出 | 多轨混音 | 整个会话"菜单命令，弹出"导出多轨混音"对话框，设置文件名、保存位置以及格式，单击"确定"按钮，完成 LOOP 素材音频的制作。

9.5　上机实践

1．使用 Audition 拼接两段不同的音乐，具体操作按照要求完成。

要求：（1）打开素材 e9_11.mp3，剪去 2:00 以后的音乐；选中从 1:50 到结束处的波形，选择"效果 | 振幅与压限 | 淡化包络"菜单命令，在对话框中选择"预设 | 线性淡出"（时间长短可自行调整）；双击选中全部波形，右击，从快捷菜单中选择"插入多轨中"命令，在多轨编辑器中查看剪切后的音乐。

（2）打开素材 e9_12.mp3，剪去 2:00 之前的音乐；选中从 0:00 到 0:10 处的波形，选择"效果 | 振幅与压限 | 淡化包络"菜单命令，在对话框中选择"预设 | 线性淡入"（时间长短可自行调整）；双击选中全部波形，右击，从快捷菜单中选择"插入多轨中"命令，在多轨中查看剪切后的音乐。

（3）在多轨编辑器中，把第二段的音乐插入第一段音乐的结尾处。

2．使用 Audition 跟着伴奏录下自己的歌声，具体操作按照要求完成。

要求：（1）在 Windows 系统中进行设置，打开麦克风，以便录音。

（2）打开素材 e9_2.mp3，选中全部波形，选择"效果 | 立体声声像 | 中置声道提取器"菜单命令，在对话框中选择"卡拉 OK"预设效果，单击"应用"按钮。选中全部波形，右击，弹出快捷菜单，选择"插入多轨中"命令。

（3）进入多轨编辑器，单击轨道 2 的 R 键和录音键开始录音，跟着伴奏唱歌，在轨道 2 中将会得到自己的歌声波形。

（4）选中轨道 2 中的全部波形，切换到单轨编辑器。选择其中一小段波形，选择"效果 | 降噪器"菜单命令，在对话框中选择"噪声采样"，单击"确定"按钮。

（5）选中全部波形，选择"效果 | 降噪器"菜单命令，直接单击"确定"按钮，对整个录音内容进行降噪。

（6）如果原始录音的音量较小，可以适当地增大音量。选中全部波形，选择"效果 | 波形振幅 | 声音标准化"，在对话框中勾选"标准化为"复选框，设置为 100%（或者适当比例），单击"确定"按钮。回到多轨编辑器，试听效果。

（7）选择"文件 | 混缩另存为"菜单命令，保存为"我的录音.wav"。

第10章

Photoshop图像处理基础

Photoshop 软件是 Adobe 公司推出的图像处理软件，能够进行创作、编辑、修改、合成、效果处理等操作，可用于平面艺术设计、多媒体制作或者网页设计等。该软件可以运行在 macOS 和 Windows 平台上。

本章要点：

◇ 掌握 Photoshop 基本功能。

◇ 掌握 Photoshop 工作界面，包括菜单栏和工具箱。

10.1 Photoshop 简介

10.1.1 Photoshop 的基本功能

Photoshop 软件最大的优势在于对位图图像的处理能力，其包含以下基本功能。

● 绘画：虽然 Photoshop 软件的强大功能在于图像处理，但是随着版本的升级，Photoshop 在绘画方面的功能也越来越强大，很多艺术家利用手绘板在 Photoshop 软件中创作了非常优秀的绘画作品。

● 图像编辑：主要包括对图像的选择、移动、复制、旋转、缩放、裁剪以及修改尺寸等操作。

● 颜色处理：对图像的颜色模式进行设置和转换，查看颜色信息，调整色阶、亮度/对比度、色相/饱和度、色彩平衡等，为实现丰富多彩的图像创作提供了强大的色彩支持。

● 图像合成：利用选区、图层、通道、蒙版等可以将来自不同图像的内容有机地合成为一幅图像，并实现优秀的效果，这是创意设计的一种非常重要的技巧。

● 特效处理：常用的有图层样式、滤镜以及相关的特效工具。特效处理能够以最简单的操作最大程度改变图像效果。

● 文字处理：在多媒体作品中往往不能缺少文字内容。Photoshop 软件具有专门的文字处理工具，并且辅之以相关的选项，可以实现文字特效，例如，使用文字变形功能制作扇形文字等。

● 图像自动化处理：处理图像时，有时需要对多幅图像进行相同步骤的处理。如果每幅图像的处理步骤都比较烦琐，这样处理多幅图像就要花费大量的时间和精力。因此，Photoshop 软件提供了图像自动化处理方式，对第一幅图像的处理过程以动作的方式进行录制，后面处理其他图像时，只要执行录制的动作，就可以轻松实现同样的处理过程。

Photoshop 软件版本更新很快，但是基本功能大同小异，下面简单介绍 Photoshop 的工作界面，包括菜单栏和常用工具的使用说明，不涉及版本。

10.1.2 Photoshop 的工作界面

Photoshop 的工作界面如图 10.1 所示。

图 10.1 Photoshop 的工作界面

Photoshop 的工作界面主要由菜单栏、工具箱、调板、工具选项栏、工作区组成。下面将对这几个组成部分做简单介绍。

菜单栏：包含近百个菜单命令，可以实现各种功能。

工具箱：使用其中的工具可以进行选择、绘图、编辑、设置颜色等多种操作。

调板：在图像处理过程中用于对处理的内容进行设置。不同的调板具有不同的功能。其中使用较多的是图层调板、通道调板和路径调板。

工具选项栏：其内容随工具箱中选择的工具不同而改变，可进行具体的选项设置。

工作区：工作区是打开和显示图像的区域，所有图像都在这个区域完成处理任务以及合成任务。在工作区中一次可以打开多个文件，但是当前被处理的文件只能有一个。

1. 菜单栏

常用菜单说明如下。

（1）图像：用于处理图像的色彩模式、调整图像色彩和大小等。

（2）图层：包含针对图层的所有操作，如新建、修改、复制、删除、排列、合并图层，以及设置图层样式和属性等。

（3）选择：用于设置图像的选区，如修改、变换、反选等操作，还可以对现有的选区进行扩展、羽化等操作。

（4）滤镜：用于产生各种特殊效果，如模糊、扭曲、渲染、艺术效果、风格化等。

（5）3D：用户可以使用材质进行贴图，制作出质感逼真的 3D 图像，进一步推进了 2D 和 3D 效果的完美结合。

（6）视图：用于设置工作区中图像的编辑方式、显示状态等，提供标尺、网格、辅助线以及放大和缩小显示图像等辅助编辑手段。

（7）窗口：用于处理工作界面的显示方式，如显示/隐藏各种调板、显示/隐藏工具箱、排列工作区中的文件等。

2. 工具箱

Photoshop 工具箱中的工具功能强大，常用工具的功能简介见表 10.1。

表 10.1　Photoshop 常用工具的功能简介

图　标	名　称	说　明
	矩形选框工具	一组工具，包括矩形、椭圆、单行和单列等选框工具，用于建立矩形、椭圆、水平和垂直选区
	移动工具	用于移动所选区域的对象
	套索工具	一组工具，包括套索、多边形套索和磁性套索等套索工具，用于在拖动时建立手绘或多边形（连接直线）选区或紧贴图像边缘的选区
	快速选择工具	一组工具，包括快速选择、魔棒和对象选择工具等选择工具，用于选择图像特定区域
	裁剪工具	一组工具，裁剪工具用于裁剪图像，切片工具可创建切片（分割为多个图像），切片选择工具可选择切片
	吸管工具	一组工具，包括吸管工具和颜色取样器工具。吸管工具用于拾取数字图像中任意位置上的颜色信息
	污点修复画笔工具	一组工具，包括污点修复画笔、修复画笔工具、修补工具、红眼工具，用于修复图像
	画笔工具	一组工具，画笔工具可绘制画笔描边，铅笔工具可绘制硬边描边
	仿制图章工具	一组工具，包括仿制图章工具和图案图章工具等图章工具，用于复制图像，即利用图像另一部分或选定图案中的像素进行绘制
	历史记录画笔工具	一组工具，包括历史记录画笔工具、历史记录艺术画笔工具，用于恢复到历史记录中的状态
	橡皮擦工具	一组工具，橡皮擦工具可抹除像素并将图像的局部恢复到以前存储的状态，背景橡皮擦工具可通过拖动将区域擦抹为透明区域，魔术橡皮擦工具可将纯色区域擦抹为透明区域
	渐变工具	一组工具，渐变工具可创建直线形、放射形、斜角形、反射形和菱形的颜色渐变效果，油漆桶工具可使用前景色填充着色相近的区域
	模糊工具	一组工具，模糊工具可对图像中的硬边进行模糊处理，锐化工具可锐化图像中的柔边，涂抹工具可涂抹图像局部区域
	减淡工具	一组工具，减淡工具可使图像中的区域变亮，加深工具可使图像中的区域变暗，海绵工具可更改区域颜色的饱和度

图 标	名 称	说 明
	钢笔工具	一组工具，用于绘制路径，包括标准钢笔、弯度钢笔、自由钢笔、磁性钢笔、使用内容感知描摹工具等
T.	文字工具	一组工具，文字工具可在图像上创建文字，文字蒙版工具可创建文字形状的选区
	路径选择工具	一组工具，包括路径选择工具或直接选择工具，用于选择路径
	矩形工具	一组工具，包括矩形、圆角矩形、椭圆、多边形、直线、自定义形状等形状工具，用于绘制矢量图形
	3D 旋转工具	用于拖动 3D 对象绕 X 轴和 Y 轴旋转
	3D 环绕工具	用于拖动 3D 对象绕 Z 轴旋转
	抓手工具	用于移动图像显示区域
	缩放工具	用于缩小或放大图像显示效果
	前/背景色工具	用于设置前景色和背景色
	快速蒙版/标准模式工具	用于快速蒙版模式和标准模式的切换

下面选取几个实例进行练习，并在此基础上贯穿 Photoshop 的一些主要知识点。

10.2　应用实例

【例 10.1】　利用快速蒙版技术，将 pic1.jpg 中的人物合成到 pic2.jpg 中，保存为 ps10_1.jpg。

〖设计分析〗

快速蒙版可用于产生各种选区，红色的蒙版区域是选区，利用画笔工具和橡皮擦工具可以改变选区。

〖设计步骤〗

（1）导入素材 s10_11.jpg（背景）和 s10_12.jpg（图层 1）。

（2）选中图层 1，单击工具箱中的快速蒙版/标准模式工具，切换到快速蒙版模式，系统会在通道中自动生成一个快速蒙版。

（3）使用黑色画笔在需要保留的内容上涂抹，创建蒙版区域。如果涂错了，可用白色画笔改回来（可以选择缩放工具放大图像，方便处理细节）。

（4）再次单击快速蒙版/标准模式工具，切换回普通模式，蒙版区域变成选区，如图 10.2 所示。

（5）根据需要调整图层 1 中人物的大小和位置，最后保存文件为 ps10_1.jpg。

图 10.2　蒙版变成选区

【例 10.2】　以 s10_21.jpg 和 s10_22.jpg 为素材，利用矢量蒙版工具，制作如图 10.3 所示的效果，保存为 ps10_2.jpg。

〖设计分析〗

矢量蒙版只能利用绘制矢量图形的钢笔工具、形状工具和路径选择工具画出，或者由图层上的路径生成，不能用画笔工具生成。路径内显示为白色，用于显示本图层的内容；路径外显示为灰色，用于隐藏本图层的内容（显示下面图层的内容）。

图 10.3　ps10_2.jpg 范例样张

〖设计步骤〗

（1）导入素材 s10_21.jpg（背景）和 s10_22.jpg（图层 1）。

（2）复制图层 1，重命名为图层 2。

（3）在图层 1 中添加矢量蒙版：单击"图层→矢量蒙版→显示全部"。

（4）按住工具箱中的矩形选框工具不放，以显示该工具组中的其他工具，选择自定义形状工具，在工具选项栏中选择一种自定义形状，然后在图层 1 中拖动鼠标绘制大小合适的形状。

（5）选择图层样式。设置投影、斜面和浮雕、描边打钩效果，其中投影、斜面和浮雕使用默认设置，描边颜色选白色。

（6）同样方法，选择不同的自定义形状，处理图层 2。

（7）保存文件为 ps10_2.jpg。

【例 10.3】　给图 10.4 所示霞光图片增加透射光，效果如图 10.5 所示，保存为 ps10_3.jpg。

图 10.4　原图

〖设计分析〗

用单行选框工具复制一行单像素图像，然后使之变形拉出光线效果，修改图层混合模式及不透明度得到初步的透射光，再用蒙版控制光线范围，并微调颜色就可得到想要的效果。

图 10.5　透射光效果

〖设计步骤〗

（1）打开文件 s10_3.jpg 作为背景图层，复制背景图层并重命名为"图层 1"。

（2）把图层 1 中的图像变为黑白效果，最快捷的方法是把饱和度设为−100。

（3）使用单行选框工具，在图层 1 中选取云层变化最多的那一行，如图 10.6 所示。

图 10.6　选取单行云层

（4）把选取的单行云层复制到新图层中（按 Ctrl+J 组合键），得到图层 2。

（5）隐藏图层 1，确保图层 2 被选中，向下拉伸单行云层，如图 10.7 所示，变成了黑色、白色和灰色的线条，这些线条将成为透射光。

（6）用自由变形工具调整透射光的范围和形状，使之变形，如图 10.8 所示。

图 10.7　向下拉伸单行云层作为透射光

图 10.8　透射光变形

（7）模糊处理透射光。对透射光进行模糊化处理，选择"滤镜｜模糊｜高斯模糊"菜单命令，少量的模糊化就可以了。改变图层模式为滤色，设置图层的不透明度为 60%，这样可以令透射光与背景更融和，效果如图 10.9 所示。

图 10.9　模糊处理和设置不透明度

（8）图 10.9 中，透射光左、右两侧以及底部的线条等过于生硬，可以使用矢量蒙版，遮盖这些地方。使用画笔工具，设置前景色为黑色，涂抹这些地方。涂抹透射光上面的位置时，可以把画笔工具的流量值调低至 10%左右，如果希望画笔的效果是渐变的，可多涂抹几次。经过涂抹后，效果如图 10.10 所示。

图 10.10　涂抹后的效果

（9）如果对透射光的颜色不满意，可以用色相/饱和度进行微调。新建一个图层，命名为"色相/饱和度 2"，勾选"使用前一图层创建剪贴蒙版"复选框，使色彩的改变只作用于透射光图层而不是所有图层。然后选择"图像 | 调整 | 色相/饱和度 "菜单命令对新图层进行着色。

（10）保存文件。

【例 10.4】　　运用滤镜制作火焰字特效，如图 10.11 所示，保存为 ps10_4.jpg。

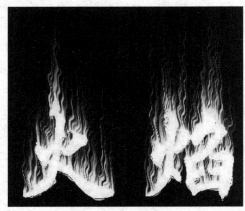

图 10.11　火焰字特效

〖设计分析〗

用风滤镜拉出虚影，然后用扭曲滤镜模拟火焰形态，再调整颜色。

〖设计步骤〗

（1）新建 RGB 模式的文档，背景为黑色。用文字工具输入"火焰"，白色。

（2）选择"图像｜旋转画布|90 度顺时针"菜单命令，将整个图像旋转 90 度，然后选择"滤镜｜风格化｜风"菜单命令，产生风吹的效果。如果想让火焰大些，可多次使用此滤镜。

（3）选择"图像｜旋转画布"菜单命令，将整个图像恢复为原来的角度。

（4）选择"扭曲｜波浪｜滤镜"菜单命令，制出图像"抖动"效果。

（5）选择"图像｜模式｜灰度"菜单命令将图像转换为灰度模式，再选择"图像｜模式｜索引颜色"菜单命令将图像转换为索引颜色模式。最后选择"图像｜模式｜颜色表"菜单命令，打开颜色表对话框，在"颜色表"列表框中选择"黑体"，将图像转换为 RGB 模式。

（6）保存文件。

【例 10.5】   运用滤镜制作冰雪文字特效，如图 10.12 所示，保存为 ps10_5.jpg。

〖设计分析〗

需要掌握风吹效果及晶格化滤镜的运用，以及选区和调色工具。

〖设计步骤〗

（1）新建文档，背景为白色。用文字蒙版工具输入"冰雪"，将文字填充为黑色。

（2）将文字选区反向选取（选择文字选区的外部），选择"滤镜｜像素化｜晶格化"菜单命令，在打开的对话框中设置"单元格大小"为 10px，使图像产生冰晶效果。

（3）再次反向选取，回到文字选区，选择"滤镜｜模糊｜高斯模糊"菜单命令，在打开的对话框中设置"半径"为 2px。也可叠加使用"杂色｜增加杂色"滤镜，在打开的对话框中设置"数量"为 70，"分布"为"高斯分布"，增加杂色效果。

（4）取消选区，选择"调整｜反相"菜单命令。

（5）旋转画布，选择"滤镜｜风格化｜风"菜单命令，产生冰凌效果。

（6）旋转画布，选择"滤镜｜艺术效果｜塑料包装"菜单命令。

（7）选择"图像｜调整｜色相/饱和度"菜单命令，在打开的对话框进行设置，如图 10.13 所示。

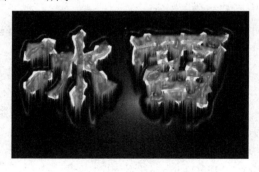
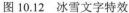

图 10.12   冰雪文字特效

图 10.13   色相/饱和度的设置

（8）选择"图像｜调整｜曲线"菜单命令，在打开的对话框中调整曲线，如图 10.14 所示。

（9）保存文件。

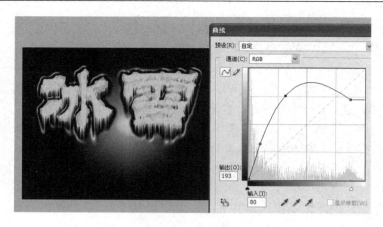

图 10.14　调整曲线

10.3　上机实践

1．在 Photoshop 中打开 PicA1.jpg 和 PicA2.jpg，进行如下操作。

（1）将 PicA1.jpg 中的女孩合成到 PicA2.jpg 中，适当调整其大小和位置。

（2）制作镜框，设置镜框颜色（R：160，G：100，B：15），为镜框设置"龟裂缝"滤镜效果。

（3）为镜框添加大小为 10px、浮雕效果的斜面和浮雕样式。

（4）输入文字"年轻的我"，字体：华文行楷，大小：24 点，颜色：#97CFE8，并为文字设置投影的图层样式（参数默认）。

（5）保存为 photo10.1.jpg。

2．在 Photoshop 中打开 PicB1.jpg、PicB2.jpg 和 PicB3.jpg，进行如下操作。

（1）为 PicB1.jpg 设置半径为 30px 的高斯模糊滤镜效果。

（2）将 PicB2.jpg 中的瓶子合成到 PicF1.jpg 中，适当调整瓶子的大小、方向和位置，为瓶子设置扩展 10%、大小为 30px 的外发光样式。

（3）将 PicB3.jpg 合成到 PicF1.jpg 中，并适当调整其大小和位置，然后利用图层蒙版添加径向渐变，实现瓶中风景的效果。

（4）在适当的位置输入文字"瓶中风景"，字体：华文新魏，大小：60 点，颜色：白色，并为文字设置投影的图层样式（参数默认）。

（5）保存为 photo10.2.jpg。

3．在 Photoshop 中打开 PicC1.jpg、PicC2.jpg 和 PicC3.jpg，进行如下操作。

（1）将 PicC3.jpg 合成到 PicC1.jpg 中，大小为原图的 8%，并为图层添加干画笔滤镜效果，设置画笔大小为 2，画笔细节为 4，纹理为 2。

（2）在 PicC1.jpg 中，对合成进来的 PicC3.jpg 添加描边（大小：8px，位置：内部，颜色：#926F05）和投影图层样式。

（3）将 PicC2.jpg 中的小狗合成到 PicC1.jpg 中，适当调整其大小及位置。复制一个小狗，用于制作小狗的黑色阴影，不透明度为 15%。

（4）输入文字"我爱我家"，字体：黑体，字号：28。给文字添加 3px 的白色描边，位置：外部，并设置填充为 0%。

（5）保存为 photo10.3.jpg。

4．在 Photoshop 中打开 PicD1.jpg 和 PicD2.jpg，进行如下操作：

（1）将 PicD1.jpg 合成到 PicD2.jpg 中，适当调整其大小和位置。

（2）为合成后的福字图案添加投影及"橙—黄—橙"渐变叠加的图层样式。

（3）为图层设置龟裂缝滤镜效果。

（4）输入文字"福"，字体：华文琥珀，大小：120 点，颜色：红色。设置 10px 的黄色描边效果。

（5）保存为 photo10.4.jpg。

5．在 Photoshop 中打开 PicE1.jpg、PicE2.jpg、PicE3.jpg，进行如下操作。

（1）为 PicE1.jpg 添加颗粒滤镜效果。

（2）将 PicE2.jpg 合成到 PicE1.jpg 中，适当调整其大小，利用图层蒙版和渐变工具制作效果。

（3）将 PicE3.jpg 中的爱心合成到 PicA1.jpg 中，然后复制一份，适当调整其大小、方向和位置。

（4）输入文字"爱心女孩"，字体：隶书，大小：72 点，颜色：白色。应用文字变形效果，增加垂直弯曲 60%，并加上距离为 10px 的投影图层样式。

（5）保存为 photo10.5.jpg。

第11章

Premiere视频编辑基础

Adobe Premiere Pro（也可简称 Pr）是由 Adobe 公司开发的一款视频编辑软件，用于对视频、声音、动画、图片、文本进行编辑加工，并最终生成影片文件。该软件可以对视频进行剪辑、加工和修改，具有视频、音频同步处理的功能，并能对若干个视频进行叠加合成。新版本的 Premiere 提高了渲染的速度和预览的质量，并增强了音频的编辑功能，能够使用多轨的视频和音频来合成或剪辑 AVI、MOV 等各种视频格式的文件。

Premiere 是视频编辑爱好者和专业人士必不可少的视频编辑工具。它可以提升创作能力和创作自由度，易学、易用、高效、精确。Premiere 提供了采集、剪辑、调色、美化音频、添加字幕、输出、刻录 DVD 的一整套流程，并能够与其他 Adobe 公司的软件高效集成，满足创作高质量多媒体作品的要求。本教材使用 Premiere Pro 2020 版本。

本章要点：

◇ 认识 Premiere 工作界面。

◇ 了解项目、时间轴、源和节目等工作面板。

◇ 掌握 Premiere 作品开发的基本流程。

11.1　Premiere 的工作界面

Premiere 将很多编辑功能组合后放在一些操作窗口中，Premiere 的工作界面包括菜单栏、项目面板、素材监视器、节目监视器、时间轴面板、信息面板、工具面板等。根据需要可以调整各个面板的位置，还可以对它们进行重新组合以方便对视频、音频素材进行引用、编辑等。Premiere 的常用工作界面如图 11.1 所示。

（1）项目面板

项目面板用于输入和存储时间轴面板中编辑合成的原始素材。在同一时刻只能打开一个 Premiere 项目。项目面板分为上下两个面板，上边的面板为素材预览面板，下边的面板为素材选项面板。当前项目用到的各种素材都显示在项目面板中，即它是一个素材管理器。进行任何编辑操作之前，都必须先将需要的素材导入项目面板中。

（2）时间轴面板

时间轴面板是 Premiere 最重要的组成窗口之一，几乎所有素材的编辑工作都在时间轴面板中完成。在时间轴面板中，可以把导入的素材按照不同的层次顺序放置，并进行编辑，还可以在该面板中设置特效、切换（转场）、运动、不透明度等，非常方便。

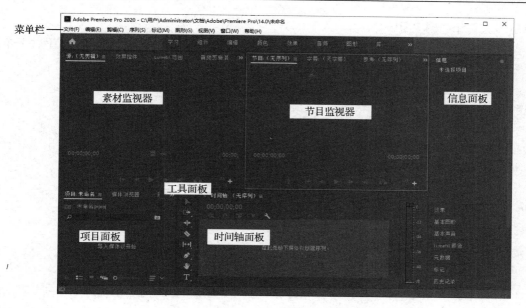

图 11.1　Premiere 的常用工作界面

时间是由时间轴面板顶部的时间轴来表示的，时间顺序为由左至右。时间轴面板中有视频轨道、音频轨道以及其他工具。此外，时间轴面板中还以图标的方式显示每个素材在时间轴上的位置、持续时间以及各个素材之间的关系。同时允许用户选择、调整和修改每个素材的状态。

（3）素材监视器和节目监视器

在时间轴面板中可进行素材的大致安排，而在素材监视器（Source）和节目监视器（Program）中可以对素材进行精细调整。素材监视器用于播放原始素材，用户将素材由项目面板拖放至该面板中即可进行编辑。节目监视器用于对整个项目进行编辑或预览。

（4）工具面板

工具面板主要用于对时间轴面板中的素材进行各种编辑操作。常用工具说明如下。

选择工具█用于选择、移动和缩放素材。选中选择工具后，当它位于轨道中一个素材的边缘时，变成带左右箭头的形状，此时按住鼠标左键拖动，可以改变素材的长度，对静态素材（图像）既可以缩短也可以拉长，而对动态素材（视频等）只能缩短不能拉长。

向前选择轨道工具█，用于选择一个轨道中所选素材及其之后的所有素材。单击右下角的小三角，可以选择向后选择轨道工具。

波纹编辑工具█用于调节所选素材的长度，而相邻其他素材的长度保持不变，同时自动调节其位置，与被调节素材紧靠在一起。单击右下角的小三角，可以选择滚动编辑工具和比例拉伸工具。

剃刀工具█用于分割轨道中的素材。

外滑工具█用于更改轨道中所选素材的入点和出点，并保留入点和出点之间的时间间隔不变，同时整个轨道的时长不变。单击右下角的小三角，可以选择内滑工具。

钢笔工具█用于调节所选素材的关键帧和不透明度等。单击右下角的小三角，可以选择矩形工具和椭圆工具。

手形工具 👆 用于浏览时间轴面板中的内容，以显示目前看不到的区域。单击右下角的小三角，可以选择缩放工具。

文字工具 T 用于输入文字。单击右下角的小三角，可以选择垂直文字工具。

（5）信息面板

信息面板帮助用户了解当前在时间轴面板中所采用的一些特技效果等信息。在时间轴面板中选取了某个素材后，信息面板就会显示该素材的详细信息，包括入点、出点、长度以及当前编辑的时间点等信息。

11.2 Premiere 的基本操作

1．初始化操作

（1）新建项目。选择"文件 | 新建 | 项目"菜单命令，打开"新建项目"对话框，如图 11.2 所示，可以在其中设置项目名称和保存位置。在"常规"选项卡中，可以设置视频和音频的显示格式，还可以设置捕捉格式。

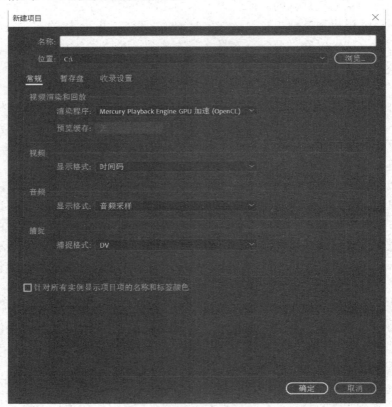

图 11.2 "新建项目"对话框

（2）切换默认工作界面。如果当前不是 Premiere 默认工作界面，可以选择"窗口 | 工作区 | 编辑"菜单命令进行切换。默认工作界面是专为对 Premiere 不太熟悉的用户所设计的。

（3）设置首选项。单击"编辑 | 首选项"菜单命令，在"首选项"子菜单中选择命令可以进行首选项设置，例如，可以设置静止图像默认持续时间。

2. 导入素材

要进行视频编辑，首先要导入素材到当前项目中。选择"文件 | 导入"菜单命令，打开"导入"对话框。Premiere 支持多种格式的视频、音频等。还可以选中素材所在的文件夹，单击"导入文件夹"按钮将其作为一个整体导入项目中。导入素材后的项目面板如图 11.3 所示。

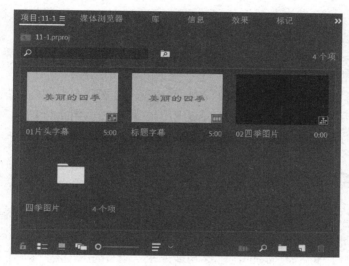

图 11.3　项目面板

3. 使用素材监视器和节目监视器编辑素材

项目中使用的素材有可能只是原始素材的一部分，需要编辑原始素材，在素材监视器和节目监视器中可以在预览的同时进行素材编辑，如设置出、入点和添加标记等。

常用工具："设置入点"按钮█和"设置出点"按钮█分别用于标记所选素材部分的起始点和结束点，即入点和出点；"跳转到入点"按钮█和"跳转到出点"█按钮分别用于跳转到当前素材中设置的入点和出点；"插入"按钮█将所选素材插入，当前时间点之后的素材依次向后移动；"覆盖"按钮█则用所选素材覆盖当前时间点之后的素材。

4. 使用时间轴面板编辑素材

从项目面板中拖动素材到时间轴面板轨道中即可开始编辑素材，在时间轴面板轨道中对素材的编辑操作不会影响项目面板中的原始素材。

（1）素材的基本操作

选择素材：单击工具面板中的选择工具，然后在轨道中单击需要选择的素材即可。如果要同时选择多个素材，则在单击的同时按住 Shift 键。

删除素材：选择要删除的素材，然后按 Delete 键。这样删除素材后，其后面的素材保持原位置不动。如果希望后面的素材自动向前移动以填补空位，则需要使用波纹删除的方法，即右击要删除的素材，选择快捷菜单中的"波纹删除"命令。

移动素材：使用选择工具直接拖动素材到指定位置即可。

（2）视频、音频素材的关联

将一个同时包含视频和音频的素材拖放到时间轴面板中，其视频、音频会被分别放置到对应的轨道中，并且起始位置、长度都一样，此时对视频或音频的操作是相互关联的，即存在链接关系。如果希望单独对视频或音频进行操作，则需要解除它们之间的链接关系。方法是右击素材，选择快捷菜单中的"解除视音频链接"命令。解除链接关系后，就可以对视频、音频单独进行剪辑、移动甚至删除等操作了。要恢复链接关系，按住 Shift 键的同时依次单击要链接的视频和音频，右击，选择快捷菜单中的"链接视音频"命令即可。

（3）素材的剪辑

在时间轴面板轨道中可以从完整的素材中截取一段素材，方法是在工具面板中选择剃刀工具，然后在时间轴面板轨道中素材需剪断的位置单击，则素材被分为两段，可以分别对这两段素材进行删除、位移、特技处理等操作。

11.3　应用实例

本节从制作一个简单的视频入手，介绍 Premiere 的工作界面和基本制作流程，帮助读者更直观、快捷地理解 Premiere 的应用。

【例 11.1】　制作一段简单的影片。功能要求：首先出现标题"美丽的四季"，然后播放四季图片，并添加过渡效果，同时播放歌曲。

（1）新建项目。选择"文件 | 新建 | 项目"菜单命令，打开"新建项目"对话框，在其中设置文件名和保存位置，在"常规"选项卡中，选择"视频"栏的"显示格式"为"时间码"，即在时间轴面板中以时间码形式显示素材，选择"音频"栏的"显示格式"为"音频采样"，选择"捕捉"栏的"捕捉格式"为"DV"。

（2）如果当前不是默认工作界面，可以选择"窗口 | 工作区 | 编辑"菜单命令，切换到默认工作界面。

（3）设置首选项。选择"编辑 | 首选项 | 时间轴"菜单命令，在打开的对话框中设置"静止图像默认持续时间"为 5 秒。这类似于在 Director 中设置默认精灵跨度。

（4）新建序列"01 片头字幕"。或者右击项目面板空白处，弹出快捷菜单，选择"新建项目 | 序列"命令，或者单击项目面板右下角的 ■ 按钮，打开"新建序列"对话框的"序列预设"选项卡，从"可用预设"列表框中选择"AVCHD 720p25"，设置序列名称为"01 片头字幕"，如图 11.4 所示。（注：可以单击键盘上的"+"和"-"键进行对象的缩放，方便剪辑。）

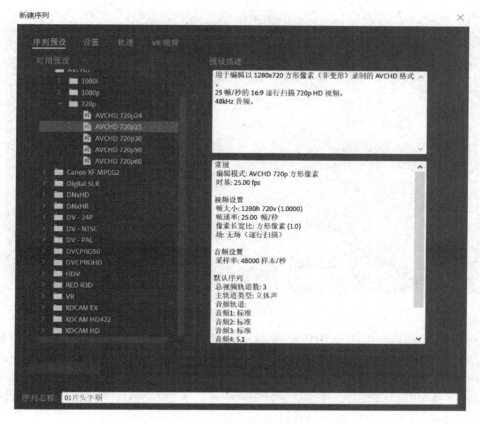

图 11.4　新建序列

选择"文件 | 新建 | 旧版标题"菜单命令，打开"新建字幕"对话框，输入名称"标题字幕"，其他设置如图 11.5 所示。

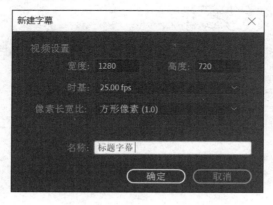

图 11.5　字幕相关设置

单击"确定"按钮，显示字幕面板，在其中输入"美丽的四季"，并进行相关设置：字体为隶书，字体大小为 130px，字符间距为 5px，字体颜色为#692525，背景色为#DF6868，对齐方式为水平居中、垂直居中，如图 11.6 所示。

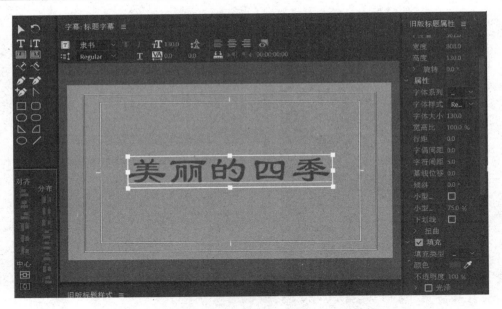

图 11.6　字幕编辑

（5）同样方法，新建序列"02 四季图片"。现在时间轴面板上有两个序列，分别为序列"01 片头字幕"和序列"02 四季图片"，接下来的操作是针对序列"01 片头字幕"的。

（6）导入素材。在项目面板空白处双击，或者右击，弹出快捷菜单，选择"导入"命令，打开"导入"对话框，选择图片素材"春.jpeg"、"夏.jpeg"、"秋.jpeg"和"冬.jpeg"，如图 11.7 所示。

图 11.7　导入素材

（7）建立素材箱。可以在项目面板中建立一个素材箱，将刚才导入的素材文件放入其中，方便管理。具体做法如下。

① 右击项目面板空白处，弹出快捷菜单，选择"新建素材箱"命令，或者单击项目面板右下角的█按钮，将素材箱命名为"四季图片"。

② 在项目面板中按住 Ctrl 键并单击，依次选中春、夏、秋、冬 4 张图片拖入"四季图片"素材箱中，如图 11.8 所示。

（8）视频轨道编辑。在项目面板中，打开"四季图片"素材箱，将 4 张图片依次拖放到视频轨道 V1 上，也可以直接将"四季图片"素材箱拖放到视频轨道 V1 上，然后根据需要调整图片顺序，如图 11.9 所示。

图 11.8　素材箱

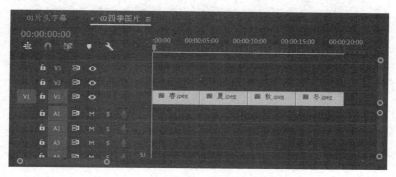

图 11.9　视频轨道 V1

此时，图片大小与舞台大小不一致，所以需要在视频轨道 V1 中选中 4 张图片，右击，弹出快捷菜单，选择"缩放为帧大小"命令。在节目监视器中进行查看，发现 4 张图片的边界处还有黑边，如图 11.10 所示。在节目监视器中分别调整 4 张图片的大小，使之与舞台大小一致，如图 11.11 所示。

图 11.10　调整前的效果

（9）在图片间添加过渡效果。类似于 Director 中的转场效果，Premiere 中也内置了多种过渡效果。切换到效果面板，选择过渡效果"交叉溶解"、"带状擦除"、"内滑"和"盒型划像"，分别添加至春图片的开始处、春与夏图片交界处、夏与秋图片交界处及秋与冬图片交界处，如图 11.12 所示。双击过渡效果，可以调整其持续时间。

图 11.11　调整后的效果

图 11.12　添加过渡效果

（10）合并序列。在时间轴面板中，切换至序列"01 片头字幕"，以下操作均在此序列中进行。打开项目面板，将序列"02 四季图片"拖放到视频轨道 V1 中"标题字幕"的后面，如图 11.13 所示。

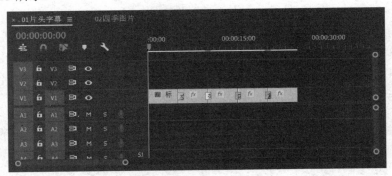

图 11.13　合并序列

（11）添加背景音乐。首先，导入歌曲 song.mp3。然后将该歌曲拖放到时间轴面板的音频轨道 A1 上。因为音频的时间比视频长，接下来需要用工具面板中的选择工具和剃刀工具，对音频进行裁剪，使之与视频的时间长度一致。

使用剃刀工具在音频 00:07 处单击，将音频分成两部分；然后，用选择工具将 00:00～00:07 部分音频选中，按 DEL 键将其删除。使用选择工具，将音频左移，使之与视频开始处对齐。在音频 00:25 处（视频结尾处）单击剃刀工具，将音频再次分成两部分，然后用选择工具选中 00:25 以后的部分，按 DEL 键将其删除。最后的效果如图 11.14 所示。

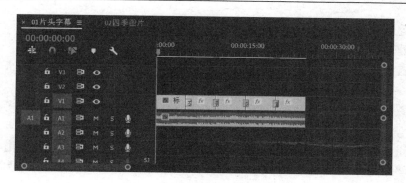

图 11.14　最后的效果

（12）保存与发布。保存为.prproj 项目文件，并导出为.mp4 影片文件，具体操作如下。

① 选择"文件 | 保存"菜单命令，保存项目文件，命名为 11_1.prproj。

② 选择"文件 | 导出 | 媒体"菜单命令，打开"导出设置"对话框，如图 11.15 所示。选择格式为 H.264，输出名称为 11_1.mp4，勾选"导出视频"复选框和"导出音频"复选框，单击"导出"按钮。等待渲染成功，即成功导出。

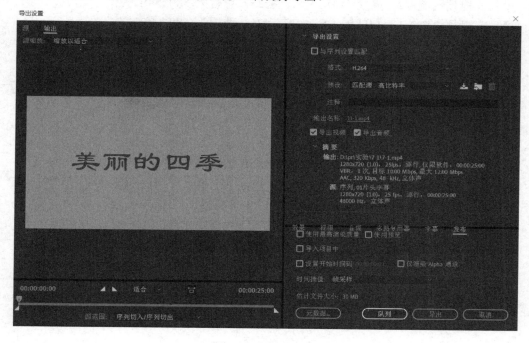

图 11.15　导出设置

11.4　上机实践

1．制作多画面展示效果。

操作步骤：

（1）新建项目，并新建序列 1，DV-NTSC 制式，48kHz，30 帧/秒。

（2）创建两个素材箱："10 帧"和"1 秒"。

（3）设置静止图像默认持续时间为 10 帧，在"10 帧"素材箱中导入 15 张图片，共计 150 帧。

（4）设置静止图像默认持续时间为 1 秒，在"1 秒"素材箱中导入 5 张图片，共计 150 帧。

（5）编辑序列 1，将"10 帧"素材箱拖放到序列 1 的时间轴面板视频轨道 V1 中。

（6）新建序列 2，DV-PAL 制式，48kHz，25 帧。将"1 秒"素材箱拖放到序列 2 的时间轴面板视频轨道 V1 中。

（7）新建序列 3，将序列 1 分 3 次拖放到序列 3 的时间轴面板视频轨道 V1、V2 和 V3 中，将序列 2 拖放到序列 3 的时间轴面板视频轨道 V4 中。

（8）调整位置、大小。

序列 3 视频轨道 V3，缩放比例为 60%，位置为(250,240)。

序列 3 视频轨道 V3，高度为 18，宽度为 25，位置为(580,140)。

序列 3 视频轨道 V2，高度为 18，宽度为 25，位置为(580,240)。

序列 3 视频轨道 V1，高度为 18，宽度为 25，位置为(580,340)。

导出媒体。

2．制作卷页效果。

操作步骤：

（1）新建项目，并新建序列 1，DV-PAL 制式，48kHz，25 帧/秒。

（2）设置静止图像默认持续时间为 3 秒。

（3）导入素材。

（4）制作蓝色背景：新建"彩色蒙版"，RGB 设置为 0,0,80。

（5）将"彩色蒙版"拖放到视频轨道 V1 中，将字幕素材拖放到视频轨道 V2 中。

（6）新建序列 2，在时间轴面板视频轨道 V1 中放置序列 1 和图片素材。

（7）在序列 1 结尾处添加视频过渡效果"卷页→页面剥落"。

（8）在素材之间添加视频过渡效果"中心剥落→拨开背面"。

（9）导出媒体。

第 12 章

综合案例

通过前面各章的介绍，相信读者对如何使用 Adobe 相关软件进行多媒体作品创作已经有了一定的了解。在本章中，通过制作几个综合案例来培养读者自行设计多媒体作品的能力。

本章要点：

◇ 掌握制作一个完整多媒体作品的基本流程。

◇ 掌握多媒体作品中多种元素的配合使用。

◇ 掌握使用脚本对整个多媒体作品进行控制。

12.1 通用案例

本节将以一个通用案例来介绍制作完整多媒体作品的基本流程，包括图像、音频、视频、动画和 3D 动画等多种媒体内容。

12.1.1 主界面

一个产品级的多媒体应用程序，一般要求有动态的主界面。当鼠标经过导航按钮时，改变光标形状，同时为了突出该按钮，可改变按钮文字的颜色和背景色，即翻转按钮状态，鼠标离开导航按钮后，恢复到原来的状态。

【例 12.1】 制作动态主界面。

要求：一开始时，6 个按钮呈阶梯状向下排列，到第 25 帧时，6 个按钮全部右对齐排列，如图 12.1 所示。鼠标经过"图像"、"动画"、"影视"、"音乐"、"3D 动画"和"退出"按钮时，光标改变为手指形状，同时改变按钮文字的颜色和背景色；鼠标离开按钮后，恢复光标形状、按钮文字的颜色和背景色。单击按钮，将会跳转到相应的场景。

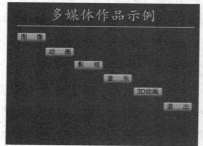

图 12.1 主界面

〖设计分析〗

鼠标交互操作常用事件为 mouseUp（鼠标抬起）、mouseEnter/mouseWithin（鼠标经过/进入）和 mouseLeave（鼠标离开），可用于设置按钮的不同状态。

图 12.2　两个位图

按钮采用位图构成，为了能对按钮实现状态翻转，每个按钮需要有两个位图。图 12.2 所示为"图像"按钮的两个位图，通过交换演员可以实现状态翻转，使用脚本：sprite(n).member=member("演员名称")，n 为精灵通道号。

除了"退出"按钮，"图像"、"动画"、"影视"、"音乐"和"3D 动画"按钮都需要跳转到相应的场景，假设对应场景的起始帧分别为第 30、35、40、45、50 帧（根据本节内容安排）。为了简化脚本和提高脚本的重用性，可为各场景的起始帧设置帧标记（Marker），然后按某种规律为帧标记名与按钮精灵通道号创建关联。例如，"图像"按钮精灵通道号为 3，则在该场景的起始帧（第 30 帧）处设置帧标记 3，使它与精灵通道号相对应，这样，当单击"图像"按钮时，可使用 the currentSpriteNum 属性获得当前精灵通道号，也就是帧标记名，然后执行脚本"go "帧标记名""，就可跳转到"图像"场景。

〖设计步骤〗

参考图 12.3 所示的剧本分镜窗和演员表设计本例。

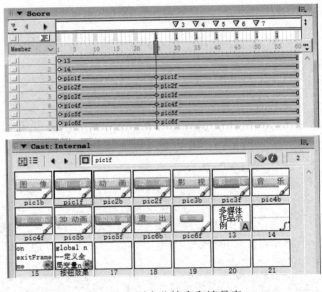

图 12.3　剧本分镜窗和演员表

（1）新建一个影片，舞台大小为 600×480px，背景色为#333333，默认精灵跨度为 60 帧。导入 6 个按钮两种状态的位图文件 pic1b.psd～pic6b.psd（翻转状态）和 pic1f.psd～pic6f.psd（原状态）。

（2）创建文本演员 13，输入"多媒体作品示例"，字体为华文行楷，48 磅，并将其拖放到通道 1（第 1～60 帧）中。在 Vector Shape 窗口中绘制一条黄色直线，创建矢量图形演员 14，并将其拖放到通道 2（第 1～60 帧）中。

（3）将 6 个按钮演员 pic1f～pic6f 分别拖放到通道 3～8（第 1～60 帧）中，并在舞台上调整各个精灵的位置，使它们呈阶梯状向下排列。然后，分别在通道 3～8 的第 25 帧处插入关键帧，移动按钮到舞台右侧，使它们右对齐排列。

（4）播放头控制。双击脚本通道第 25 帧，打开脚本编辑窗口，输入 go to the frame，使播放头停留在当前帧，创建脚本演员 15。将脚本演员 15 分别复制到脚本通道的第 30、35、40、45、50 帧处，用于控制各个场景的显示。

（5）设置帧标记。为各个场景的起始帧设置帧标记，分别命名为 3、4、5、6、7，与"图像"、"动画"、"影视"、"音乐"和"3D 动画"按钮的精灵通道号一一对应。

（6）添加"按钮效果"行为脚本。该行为用于产生光标形状变化、改变按钮位图和跳转到对应的场景。打开脚本编辑窗口，输入脚本：

```
global n                                    --定义全局变量 n，存放当前精灵通道通道号
on mouseWithin
    cursor 280                              --设置光标形状
    n=the currentSpriteNum                  --获得当前精灵通道号
    --按钮演员名称中的数字与精灵通道号的关系为 n-2，用于生成交换的演员名称
    sprite(n).member=member("pic"&n-2&"b")
end
on mouseUp
    if n=8 then quit                        --单击"退出"按钮（通道8），退出影片
    else
        go to string(n)       --跳转到对应场景，n 既是动态获取的精灵通道号也是帧标记名
    end if
end
on mouseLeave
    cursor 0                                --光标形状还原
    sprite(n).member=member("pic"&n-2&"f")  --恢复按钮位图
end
```

创建演员 16，重命名为"按钮效果"。在属性检查器的 Script 选项卡内，设置脚本类型为 Behavior（行为）。将行为脚本演员"按钮效果"拖放到各个按钮精灵上，使行为附着到按钮精灵上。

（7）播放影片，检查效果。

（8）源文件保存为 sy12_1.dir。

12.1.2　图像与动画

【例 12.2】　实现浏览指定文件夹内图像文件（.jpg 文件）的功能，文件夹内的图像文件可以动态增加或减少。

要求：在例 12.1 的基础上，增加"图像"场景的功能。在主界面中单击"图像"按钮，跳转到第 5 帧，进入"图像"场景，单击"前一张"（　）和"后一张"（　）按钮，可以浏览文件夹内的所有图像文件，图像切换时应用随机转场效果，同时显示图像的编号。

〖设计分析〗

图像浏览有多种实现方法，使用脚本直接控制的效率最高。通过"前一张"和"后一张"按钮浏览图像，其实质是交换演员。本例的难点是文件夹中的图像文件可以动态增加或减少，所以不能事先将文件夹内的图像文件导入演员表，需要在影片播放时动态检测指定文件夹内的图像文件，并将其临时导入演员表。需要使用的脚本如下。

① 返回指定文件夹内第 n 个文件的名称：

getNthFileNameInFolder(文件路径, n)

如果读不到文件，则返回空字符串 EMPTY。结合循环语句，就可以获取指定文件夹内的全部文件名。

② 字符串比较运算，检测字符串 1 是否包含字符串 2：

字符串 1 contains 字符串 2

字符串比较运算不区分字母大小写形式，运算结果为 True 或 False。要判断所获得的文件是否为图像文件，可用："文件名" contains "图像文件扩展名"。

③ 导入图像文件到演员表中：

```
位图对象名  = new(#bitmap)                    --创建一个新的位图演员
member(位图对象名).filename = 图像文件路径名    --将外部位图文件指派给位图演员
```

可用一个列表记录临时导入演员表中的演员名称。用一个变量 imageNo 记录当前图像号，前一张图像号为 imageNo-1，后一张图像号为 imageNo+1。

④ 图像切换时过渡效果：

puppetTransition(过渡方式, 过渡用时)

过渡方式取值范围为 1～52，过渡用时取值范围为 0～120，单位为 1/4 秒。

〖设计步骤〗

（1）打开 sy12_1.dir，增加"图像"场景的功能，该场景的起始帧为第 30 帧，默认精灵跨度为 4 帧。

（2）新建演员表，目的是将图像演员分类，便于操作和查找。单击演员表左上角的 Choose Cast 按钮 ，从下拉列表中选择 New Cast，打开新演员表对话框，在 Name 框中输入 image，单击 Create 按钮，创建名为 image 的演员表。

（3）导入按钮素材 b3.psd（ ）和 b4.psd（ ），再导入一个用于通道占位的位图文件 pic1.jpg（也可以是任意位图文件）。将按钮演员 b3、b4 分别拖放到通道 9、10（第 30～33 帧）中。将占位用的位图演员 pic1 拖放到通道 11（第 30～33 帧）中。在舞台右上角添加一个域文本，命名为 tNo，用于显示图像编号，使用通道 12（第 30～33 帧）。调整各精灵到合适位置，如图 12.4 所示。

（4）创建影片脚本演员，实现导入图像到 Internal 演员表中。本例只处理.jpg 文件，并将用于浏览的图像文件复制到影片所在文件夹中。打开脚本编辑窗口，输入以下脚本：

图 12.4   调整各精灵到合适位置

--在脚本开始处声明全局变量：mList 为存放图像演员名称的列表，pn 为浏览的图像文件数
global mList,pn
on startMovie()   --影片开始事件，进行初始化工作
  pn=0
  mList = [ ]
  repeat with i = 1 to 100   --设置一个充分大的数，循环检测文件夹内的文件
    n = getNthFileNameInFolder(the moviePath, i) --the moviePath 影片文件夹
    if n = EMPTY then exit repeat   --结束检测，跳出循环
    if n contains "jpg" then   --检测.jpg 文件
     pMember = new(#bitmap)   --创建一个新的位图演员
     member(pMember).filename=n --加载图像文件到演员表中
     k=member(pMember).name   --取得演员名称
     mList.append(k)   --存放演员名称到列表中
     pn =pn + 1   --可浏览的图像文件数
    end if
  end repeat
 end

将会创建脚本演员 5，将该演员的脚本类型设置为 Movie。

注意：如果要浏览的图像文件存放在影片所在文件夹的 Picture 文件夹中，则检测路径
为 the moviePath & " Picture "。

（5）为 ← 和 → 按钮精灵添加行为脚本。在舞台上右击 ← 按钮精灵，弹出快捷菜单，选
择 Script 命令，打开脚本编辑窗口，创建行为脚本演员 6，输入以下脚本：

    global mList, pn, imageNo
    on mouseUp me
     if imageNo>1 then   --如果当前显示的图像不是第一张
      imageNo=imageNo-1   --产生前一张的图像号
      k=mList[imageNo]   --从列表中读取演员名称
      sprite(11).member =member(k) --交换演员，占位位图精灵通道号为 11

```
        rnd=random(52)                              --随机产生 1～52 之间的整数，指定转场效果
        puppetTransition(rnd,6)                     --1.5 秒完成过渡效果，切换图像
        member("tNo").Text=string(imageNo)          --在域文本 tNo 中显示图像号
    end if
end
```

同样方法，创建行为脚本演员 7，为 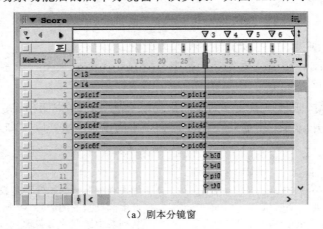按钮精灵添加以下行为脚本：

```
global mList, pn, imageNo
on mouseUp me
    if imageNo<pn then                              --如果当前显示的图像不是最后一张
        imageNo=imageNo+1                           --产生后一张的图像号
        k=mList[imageNo]                            --从列表中读取演员名称
        sprite(11).member=member(k)
        rnd=random(52)
        puppetTransition(rnd,6)
        member("tNo").Text=string(imageNo)
    end if
end
```

（6）为按钮添加鼠标经过和离开行为。打开脚本编辑窗口，输入以下脚本：

```
on mouseWithin
    cursor 280
end
on mouseLeave
    cursor 0
end
```

创建脚本演员 8，命名为"动态鼠标"，将脚本类型设置为 Behavior。分别拖动"动态鼠标"行为脚本演员到 、 按钮精灵上，将鼠标行为附着其上。

增加"图像"场景功能后的剧本分镜窗和演员表，如图 12.5 所示。

（a）剧本分镜窗

图 12.5 增加"图像"场景功能后的剧本分镜窗和演员表

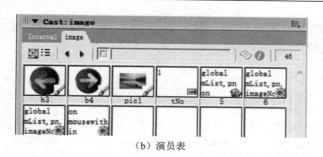

（b）演员表

图 12.5 增加"图像"场景功能后的剧本分镜窗和演员表（续）

（7）测试影片，在主界面中单击"图像"按钮，播放头跳转到第 30 帧，进入"图像"场景，单击 ← 或 → 按钮，随机产生转场效果，显示上一张或下一张图像，并显示图像号。当显示第一张或最后一张图像时，单击 ← 或 → 按钮无效。效果如图 12.6 所示。

图 12.6 "图像"场景效果

（8）源文件保存为 sy12_2.dir。

【例 12.3】 Flash 动画控制。

要求：在例 12.2 基础上，增加"动画"场景的功能。在主界面中单击"动画"按钮，跳转到第 35 帧，进入"动画"场景，通过单击按钮，可以控制 Flash 动画的播放。

〖设计分析〗

为简化脚本，可对 Flash 动画演员按一定规律命名。本例中，5 个 Flash 演员名称为 flash1～flash5，只要改变序号，就可演示需要的动画。用变量 flashNo 记录当前动画号，前一个动画号为 flashNo-1，后一个动画号为 flashNo+1，对应的动画演员名称为"flash" & flashNo。

〖设计步骤〗

（1）打开 sy12_2.dir。增加"动画"场景的功能，该场景的起始帧为第 35 帧，默认精灵跨度为 4 帧。

（2）新建一个名为 flash 的演员表，然后导入素材 flash1.swf～flash5.swf 到该演员表中。拖动 flash1 演员到通道 11（第 35～38 帧）中，调整舞台 flash1 精灵的大小合适。

（3）切换到 image 演员表，复制按钮演员 b3（←）和 b4（→）到 flash 演员表中，将这两个按钮分别拖放到通道 9 和 10（第 35～38 帧）中，调整精灵到合适位置。

（4）为 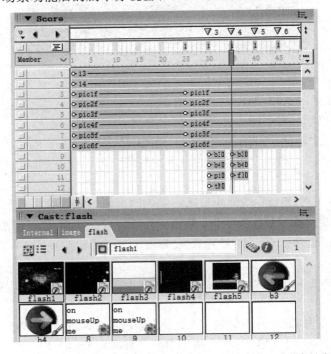 按钮精灵添加行为脚本：

```
on mouseUp
   global flashNo
   if flashNo>1 then
       flashNo=flashNo - 1
       sprite(11).member = member("flash" & flashNo)      --交换演员
   end if
end
```

为 按钮精灵添加行为脚本：

```
on mouseUp
   global flashNo
   if flashNo<5 then
       flashNo=flashNo+1
       sprite(11).member = member("flash" & flashNo)      --交换演员
   end if
end
```

然后分别拖动 image 演员表中的"动态鼠标"行为脚本演员到这两个按钮精灵上，将鼠标行为附着其上。

增加"动画"场景功能后的剧本分镜窗和 flash 演员表如图 12.7 所示。

图 12.7　增加"动画"场景功能后的剧本分镜窗和 flash 演员表

（5）测试影片，在主界面中单击"动画"按钮，播放头跳转到第 35 帧，进入"动画"场景，开始播放 Flash 动画，单击 或 按钮，播放前一个或后一个动画。当播放到第一个或最后一个动画时，单击 或 按钮无效。效果如图 12.8 所示。

图 12.8 "动画"场景效果

（6）源文件保存为 sy12_3.dir。

12.1.3 音频与视频媒体

【例 12.4】 利用脚本和行为实现外部音频文件的播放功能。

要求：在例 12.3 的基础上，增加"音乐"场景的功能。在主界面中单击"音乐"按钮，跳转到第 45 帧，进入"音乐"场景，可以通过播放列表选择音乐，并且具有停止、播放、暂停以及音量调整功能，如图 12.9 所示。

图 12.9 "音乐"场景效果

〖设计分析〗

播放列表需要使用域文本来创建，将音频文件名（包括扩展名）按行存放在域文本中。

域文本的内容可以在设计时输入。如果要制作动态列表，可从文本文件读入内容到域文本中，具体实现可参考例 3.5。

要从域文本返回选定行中的内容，可使用鼠标对象的 mouseLine 属性，格式如下：

变量= member(_mouse.mouseMember).line[_mouse.mouseLine]

其中，_mouse.mouseMember 返回被鼠标操作的域文本，_mouse.mouseLine 为选定的行，line[_mouse.mouseLine]为选定行中的内容。

播放未事先导入演员表的外部音频文件使用脚本 sound(n).playFile("音频文件路径名")，暂停的脚本为 sound(n).pause()，继续播放的脚本为 sound(n).play()，停止的脚本为 sound(n).stop()。

本例将音频文件存放在影片文件所在文件夹中，这样可以省略文件夹名，直接使用音频文件名或"the moviePath & 音频文件名"构成完整的路径名。

〖设计步骤〗

（1）打开 sy12_3.dir，增加"音乐"场景的功能，该场景的起始帧为第 45 帧，默认精灵跨度为 4 帧。

（2）新建一个名为 music 的演员表，并导入素材 pic2.jpg（控制条）和 mb1.psd～mb4.psd（停止、播放、暂停和滑块）。将演员 pic2 和 mb1～mb3 分别拖放到通道 9～12（第 45～48 帧）中，将演员 mb4 拖放到通道 15（第 45～48 帧）中，调整各精灵到合适位置。

（3）制作播放列表。创建一个域文本演员，使用通道 14（第 45～48 帧），在域文本中输入音频文件名，作为播放列表，参见图 12.9。

（4）为播放列表添加行为脚本。右击舞台上的域文本精灵，弹出快捷菜单，选择 Script 命令，打开脚本编辑窗口，创建脚本演员 8，输入以下脚本：

```
on mouseUp me
    mf = member(_mouse.mouseMember).line[_mouse.mouseLine]
    sound(1).playFile(mf&".mp3")            --构造文件夹中音频文件的名称
end
```

（5）为各个按钮精灵添加行为脚本，按钮演员名称和对应的 mouseUp 事件过程中的行为脚本见表 12.1。

表 12.1　各个按钮精灵的行为脚本

按钮演员名称	行　为　脚　本	对应的脚本演员
mb1	sound(1).stop()	9
mb2	sound(1).play()	10
mb3	sound(1).pause()	11

将 image 演员表中的"动态鼠标"行为脚本演员拖放到上述三个按钮上。

（6）音量调整功能的设置参见例 7.3，这里不再赘述。增加"音乐"场景功能后的剧本分镜窗和 music 演员表如图 12.10 所示。

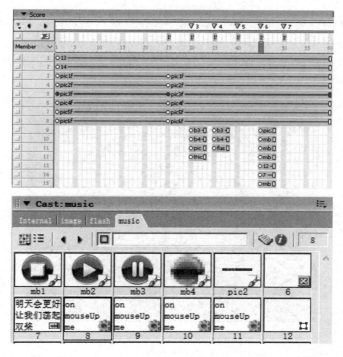

图 12.10　增加"音乐"场景功能后的剧本分镜窗和 music 演员表

（7）测试影片。在主界面中单击"音乐"按钮，播放头跳转到第 45 帧，进入"音乐"场景，单击播放列表中的某行，开始播放对应的音乐；单击"暂停"按钮，暂停播放；单击"播放"按钮，继续播放；单击"停止"按钮，停止播放。

（8）源文件保存为 sy12_4.dir。

【例 12.5】　　通过 Windows Media Player 控件调用媒体播放器，通过 Windows 系统的"打开"对话框选择音/视频文件，实现音/视频的播放。

要求：在例 12.4 的基础上，增加"影视"场景的功能。在主界面中单击"影视"按钮，跳转到第 40 帧，进入"影视"场景，可以选择不同格式的音/视频文件进行播放。

〖设计分析〗

通过 fileIO.x32 扩展插件可以调用 Windows 系统的"打开"对话框，返回包含完整路径的外部音频文件名，用所获得的文件名设置播放器控件精灵的 URL 属性，就可实现音/视频文件的播放。

在使用 fileIO.x32 扩展插件之前，需要创建一个 fileIO 实例对象，可使用函数 displayOpen()显示"打开"对话框。要限定"打开"对话框中所显示的文件类型，可使用函数 setFilterMask()，其参数格式为"描述,文件扩展名"。

〖设计步骤〗

（1）打开 sy12_4.dir，增加"影视"场景的功能，该场景的起始帧为第 40 帧，默认精灵跨度为 4 帧。

（2）新建一个名为 video 的演员表。

（3）选择"Insert | Control | ActiveX"菜单命令，插入 Windows Media Player 控件，拖动该控件演员到通道 10（第 40～43 帧）中，调整媒体播放器的大小。

（4）创建一个按钮，按钮文本为"打开文件"，如图 12.11 所示，使用通道 11（第 40～43 帧）。

图 12.11 "打开文件"按钮

（5）为"打开文件"按钮精灵添加行为脚本。右击舞台上的"打开文件"按钮精灵，弹出快捷菜单，选择 Script 命令，打开脚本编辑窗口，输入以下脚本：

```
on mouseUp
    myFile = xtra("fileIO").new()
    myFile.setFilterMask("MP3,*.mp3,WAV,*.wav,WMV,*.wmv,AVI,*.avi,所有文件,*.*")
    k = myFile.displayOpen()
    sprite(10).url=k
end
```

（6）测试影片，在主界面中单击"影视"按钮，播放头跳转到第 40 帧，进入"影视"场景，显示媒体播放器，单击"打开文件"按钮，在"打开"对话框中选择音/视频文件，播放相应的影视内容。

（7）在保存与发布前，需要通过"Modify | Movie | Xtras"菜单命令添加 fileIO.x32 扩展插件。源文件保存为 sy12_5.dir。

注意：在 Director 中，通过"打开"对话框选择音/视频文件时，如果文件夹名中包含中文，脚本 sprite(10).url=k 可能不能正常执行。

12.1.4　3D 动画

3D 对象能生动地展示物体的造型、结构和特征，被广泛应用于工业设计、建筑、影视等众多领域。Director 中也能使用 3D 素材，提供从简单的 3D 文字处理到 3D 多模型复杂对象的交互功能，提高了多媒体作品的趣味性。

3D 素材以矢量方式记录 3D 模型的属性和参数，可以使用位图材质来表现物体的外观，还可以根据不同的场景配以各色灯光，并且具有无限缩放、任意旋转等特性。

【例 12.6】 3D 动画控制。

要求：在例 12.5 基础上，增加"3D 动画"场景的功能。在主界面中单击"3D 动画"按钮，跳转到第 50 帧，进入"3D 动画"场景。通过单击按钮，控制 3D 对象的运行，包括 3D 演员自动旋转并缩放、添加灯光（颜色）、添加材质效果和播放 3D 演员受参数控制的动画。

〖设计分析〗

（1）3D 概述

① 3D 世界。一个 3D 演员包含一个完整的 3D 空间，即 3D 世界。3D 世界由模型（Model，3D 世界中的可视对象）组成，模型由灯光照亮、由摄像机查看。每个由 3D 演员生成的精灵都代表一个摄像机视角，透过该视角可以查看 3D 世界中的内容。

② 3D 演员。3D 演员具有多层次的属性，由多个 3D 模型组成。例如，一个 3D 人体演员可以由头部、身体、两条手臂和两条腿等 3D 模型组成。一个 3D 模型就是一个精灵（Sprite），因此一个 3D 演员由多个 Sprite 组成，它们有各自的属性，如大小、颜色、阴影等。

（2）导入、查看与设置 3D 演员

① 导入 3D 演员。Director 支持从 3ds max 软件中导出的扩展名为 .w3d 的 3D 素材。导入 3D 演员的方法如下：选择"File｜Import"菜单命令，在打开的对话框中，选择一个或多个*.w3d 文件，即可将 3D 演员导入演员表中。

② 查看和设置 3D 演员。双击演员表中的 3D 演员或舞台上对应的精灵，打开 Shockwave 3D 窗口，此窗口中包含有一系列可以用于设置 3D 世界中摄像机位置的工具，如图 12.12 所示。通过移动、旋转摄像机位置的方式可以查看 3D 演员，实现 3D 演员缩放、平移和旋转等视觉效果。

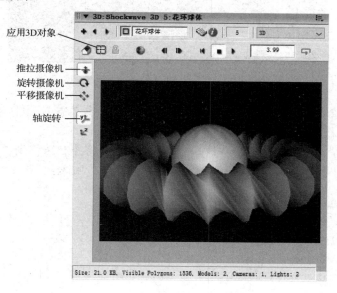

图 12.12 Shockwave 3D 窗口

〖设计步骤〗

（1）打开 sy12_5.dir，添加"3D 动画"场景的功能，该场景的起始帧为第 50 帧，默认精灵跨度为 4 帧。

（2）新建一个名为 3D 的演员表，导入素材"花环球体.w3d"到 3D 演员表中。

（3）拖动"花环球体"演员到通道 9（第 50～53 帧）中，调整精灵的大小和位置。双击舞台上的"花环球体"精灵或演员表中的"花环球体"演员，打开 Shockwave 3D 窗口，分别单击 Dolly Camera（推拉摄像机）按钮 、Rotate Camera（旋转摄像机）按钮 和 Pan Camera（平移摄像机）按钮 ，在 Shockwave 3D 窗口中拖动鼠标以调整 3D 演员的大小、角度和左右位置，然后单击 Set Camera Transform（应用 3D 对象）按钮 ，将 3D 演员调整后的状态应用于舞台精灵。

（4）创建一个文本演员，分 3 行输入"x"、"y"和"z"；创建 3 个域文本演员，分别命名为 x、y、z，选择属性检查器的 Field 选项卡，勾选 Editable 复选框和 Wrap 复选框，设置 Border 为 1px，即 1px 的边框；创建"推拉"、"旋转"、"重置"、"灯光"、"停止"和"自动"按钮演员。文本、域文本和按钮的布局如图 12.13 所示。

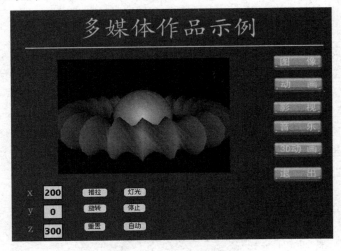

图 12.13　文本、域文本和按钮的布局

（5）为 6 个按钮添加行为脚本，见表 12.2。其中 3D 演员为"花环球体"，所创建的精灵为 Sprite 9。

"自动"按钮的功能是重复执行推拉与旋转的脚本，将控制转移到"3D 动画"场景起始帧的下一帧，即第 51 帧。在该帧的脚本通道中添加行为脚本：

```
on exitFrame me
    go to the frame                          --停留在第 51 帧，重复执行脚本
    delay 10                                 --延时 1/10 秒
    x=Integer(member("x").Text)
    y=Integer(member("y").Text)
```

```
        z=Integer(member("z").Text)
        member("花环球体").model(1).rotate(x,y,z)        --旋转 3D 对象
        sprite(9).camera.translate(x,y,z)        --平移（参数 x,y）、缩放 3D（参数 z）对象
    end
```

表 12.2　各按钮的演员行为脚本

按钮	行　为　脚　本	按钮	行　为　脚　本
推拉	on mouseWithin me 　x=Integer(member("x").Text) 　y=Integer(member("y").Text) 　z=Integer(member("z").Text) 　sprite(9).camera.translate(x,y,z) end	灯光	on mouseUp me 　member("花环球体").resetworld() 　x=integer(member("x").text) 　y=integer(member("y").text) 　z=integer(member("z").text) 　member("花环球体").light(2).color=rgb(x,y,z) end
旋转	on mouseUp me 　x=Integer(member("x").Text) 　y=Integer(member("y").Text) 　z=Integer(member("z").Text) 　member("花环球体").Model(1).rotate(x,y,z) end	停止	on mouseUp me 　go to frame 50 end
重置	on mouseUp me 　member("花环球体").resetWorld() end	自动	on mouseUp me 　go to frame 51 end

将 image 演员表中的"动态鼠标"行为演员分别拖放到 6 个按钮上。

（6）移动 3D 精灵。要直接用鼠标移动 3D 精灵，可以使用光标的水平与垂直位置属性（the mouseH 与 the mouseV）来修改 3D 精灵的位置。为 3D 精灵添加以下行为脚本：

```
        on mouseUp me
            sprite(10).locH=the mouseH
            sprite(10).locV=the mouseV
        end
```

（7）测试影片，在主界面中单击"3D 动画"按钮，播放头跳转到第 50 帧，进入"3D 动画"场景，设置参数 x、y、z 的值，单击"推拉"、"旋转"或"自动"按钮，3D 演员将以设置的参数值进行推拉、旋转、自动推拉与旋转等动作。单击"灯光"按钮，3D 演员的颜色将发生变化。单击"停止"按钮，3D 演员停止动作。单击"重置"按钮，3D 演员被重置为初始状态。

（8）源文件保存为 sy12_6.dir，并发布为 sy12_6.exe。

12.2 图片交换案例

12.2.1 鼠标经过缩略图显示大图

【例 12.7】 当鼠标经过动物图片缩略图时，突出显示该图片。

〖设计分析〗

图片是多媒体作品的构成元素。本例实现鼠标经过缩略图时，能在指定的位置将大图显示出来。主要用到的脚本为 sprite(n).member=sprite(me.spriteNum).member，通过该脚本可将精灵通道号 n 对应的演员替换为当前精灵通道号对应的演员。

〖设计步骤〗

（1）新建一个影片，舞台大小为 600×480px，背景为黑色。

（2）设置默认精灵跨度为 5 帧，导入 7 张图片素材，并创建"动物识字"按钮，图片和按钮在舞台上的分布如图 12.14 所示。图片互动显示只需要使用 1 帧，为了便于读者查看剧本分镜窗中的编排，本例使用了 5 帧。

图 12.14 动物识字

（3）添加图片行为脚本。右击舞台左侧或下方的某个缩略图精灵，弹出快捷菜单，选择 Script 命令，打开脚本编辑窗口，输入以下脚本：

```
on mouseWithin me
    cursor 280                                        --鼠标变形
    sprite(7).member=sprite(me.spriteNum).member      --切换精灵的演员
end
on mouseLeave me
    cursor 0
    sprite(7).member=member("pic7")                   --图片还原
end
```

创建脚本演员，将该演员重命名为 picchange，并将其拖放到其他 5 个缩略图精灵上。剧本分镜窗和演员表如图 12.15 所示

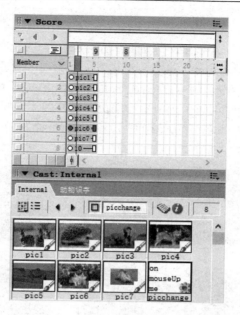

图 12.15　剧本分镜窗和演员表

（4）源文件保存为 sy12_7.dir。

12.2.2　拖动文字并判断位置

【例 12.8】　在例 12.7 的基础上，添加"动物识字"场景：上面显示动物图片，下面显示动物名称，将动物名称拖放到动物图片上，可以进行正确与否的判断，并且读出动物名称。

〖设计分析〗

判断一个精灵是否在一个精灵内部，可通过精灵的 top、left、bottom 和 right 属性的比较来实现，假设精灵的宽度为 height，高度为 width，则精灵下边距为 top+height，右边距为 left+width，如图 12.16 所示。

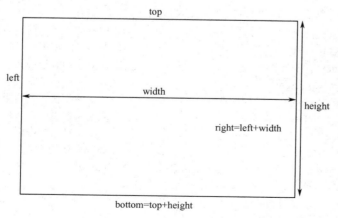

图 12.16　精灵边距的表示

〖设计步骤〗

（1）打开 sy12_7.dir，"动物识字"场景的起始帧为第 6 帧，默认精灵跨度为 5 帧。

（2）导入图片素材 animal.jpg，拖放到通道 9（第 6～10 帧）中。在舞台上绘制一个矩形，调整大小使其刚好覆盖第一个动物图片，使用通道 10（第 6～10 帧），精灵通道号为10，如图 12.17 所示。同时创建了一个矩形演员。重复使用该矩形演员，分别覆盖其他 5个动物图片，使用通道 11～15（第 6～10 帧），精灵通道号为 11～15。

图 12.17　绘制矩形

（3）创建 6 个文本演员，文本内容为动物名称：刺猬、骆驼、大象、孔雀、松鼠、熊猫。将 6 个文本演员分别拖放到通道 16～21（第 6～10 帧）中。文本精灵与覆盖相应动物图片的矩形精灵一一对应，例如，文本精灵"刺猬"的精灵通道号为 16，其对应的矩形精灵通道号为 10。

（4）拖动及位置判断实现。为文本精灵"刺猬"添加如下行为脚本：

```
on mouseDown me
    voiceSpeak(sprite(me.spriteNum).member.text)      --鼠标按下时朗读选中的文本精灵
end
on mouseUp me
    t1=sprite(10).top                    --获取对应的矩形精灵的上边距
    l1=sprite(10).left                   --获取对应的矩形精灵的左边距
    w1=sprite(10).width                  --获取对应的矩形精灵的宽度
    h1=sprite(10).height                 --获取对应的矩形精灵的高度
    t2=sprite(16).top                    --获取文本精灵的上边距
    l2=sprite(16).left                   --获取文本精灵的左边距
    w2=sprite(16).width                  --获取文本精灵的宽度
    h2=sprite(16).height                 --获取文本精灵的高度
    if t1<t2 and l1<l2 and t1+h1>t2+h2 and l1+w1>l2+w2 then
        alert("正确")
    else
        alert("请放到正确的位置")
```

```
end if
end
```

注：如果文本精灵的左边距和上边距大于矩形精灵的左边距和上边距，同时文本精灵的右边距和下边距小于矩形精灵的右边距和下边距，表明文字在矩形精灵内部。

依次给文本精灵"骆驼"、"大象"、"孔雀"、"松鼠"和"熊猫"添加行为脚本，注意修改精灵通道号。

（5）测试影片，拖动动物名称文本到动物图片上，如果正确，则弹出提示框，显示"正确"，如图 12.18 所示；否则弹出提示框，显示"请放到正确的位置"。

图 12.18　拖动文字骆驼到正确图片效果

（6）本例使用了语音朗读功能，发布前需要通过"Modify | Movie | Xtras"菜单命令添加 Speech.x32 扩展插件，以保证发布的影片能正确运行。源文件保存为 sy12_8.dir，并发布为 sy12_8.exe。

〖能力提高〗是否可以通过设置文本精灵的精灵通道号与矩形精灵的精灵通道号的关系来修改脚本，使得所有的文本精灵使用同一个拖动及位置判断脚本。

12.3　游戏设计案例

12.3.1　配对游戏设计

【例 12.9】　记忆训练——配对游戏设计。

〖设计分析〗

配对游戏是一款比较经典的小游戏，玩法上没有特殊技巧，完全靠用户记忆来回想图片的内容与位置，然后逐一配对消除，按单击的次数给分，次数越少，得分越高。

游戏设计前需要确定游戏的玩法，本例使用 8 张不同的图片，每张图片出现两次，"背对"用户随机排列在窗口中，如图 12.19 所示。单击"开始"按钮，将会显示全部图片 1.5 秒，然后翻回背面，用户需要快速记忆图片的内容与位置，如图 12.20 所示。一次游戏的过程如图 12.21 所示，用户单击（翻开）一张图片，然后用户单击另外一张图片，如果翻开的两张图片是相同的，则消除该配对图片，若不同，则自动翻回背面，让用户继续选择。直到把所有的图片都消除，游戏结束。

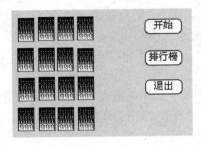

图 12.19　配对游戏初始状态

图 12.20　随机排列图片

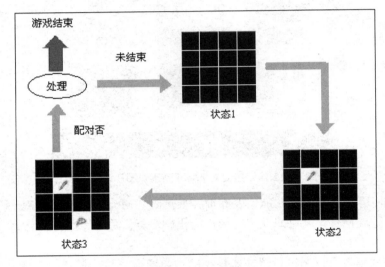

图 12.21　一次游戏的过程

本类型的程序可以分为三个部分：游戏初始化、图片控制和信息显示。

使用列表是配对游戏设计的关键，对图片的操作在内部转化为对列表的处理。本例用到 8 张不同的图片，由于要进行配对，因此每张图片在舞台上都需要出现两次。

（1）游戏初始化。

① 开始状态。开始时不会看到图片的正面，全部显示为背面，先用一个图片背面演员在通道 1～16 中占位。

② 创建随机列表。在舞台上随机放置图片的处理算法：将 8 张不同的图片编号为 1～8；使用一个列表，将图片号 1～8 随机地添加到列表中，每个图片号添加 2 次，列表项序号对应的是精灵通道号。例如，列表第 3 项的内容为数字 5，表示图片 5 将使用通道 3。根据各列表项的内容替换通道 1～16 上的演员，实现图片随机排列。

Director 中的函数 addAt() 可将数值添加到指定的列表位置，即按指定的列表项序号为该列表项赋值，语法格式：addAt(列表项序号，数值)。使用函数 addAt() 和 random() 及循环语句可随机产生列表，脚本如下：

```
global rndList                          --声明列表名
rndList = []                            --初始化列表
repeat with i = 1 to 8                  --循环
    rndList.addAt(random(2*i-1),i)      --random()根据 i 的值产生列表项序号
    rndList.addAt(random(2*i),i)
end repeat
```

在循环中先根据 i 的值随机产生 1～16 范围内的数值作为列表项序号，当函数 addAt() 遇到相同的列表项序号时，会在该列表项前插入数值，只要 i 的值不同，这种特殊的工作方式就不会出现重复现象。

③ 用户操作记录列表 pList 和 sList。用户每次最多可翻开两张图片，用列表 pList 来记录单击的图片所在的精灵通道号（也可用两个全局变量）。该列表初始状态应该为空，图片比较完成后，再还原到初始状态。另外，用列表 sList 来记录单击的图片号。

④ 游戏结束判定条件。使用一个全局变量 rightNum 记录已经配对成功的图片对数，其初始值为 0，当 rightNum=8 时，游戏结束。

⑤ 游戏计分。为了给用户计分，还需要一个全局变量 cNum 记录单击的次数，其初始值为 0。计分方法：配对成功最少的单击次数为 16 次，设置最高分为 32，每多单击 1 次减 1 分，游戏得分计算公式为 32-(cNum-16)，即 48-cNum。

（2）图片控制。

① 获取当前精灵通道号。_mouse.clickOn 返回当前用户单击的图片精灵通道号 n，它对应用户操作记录列表 sList 的第 n 项，从而可获得所使用的图片演员。

② 翻图操作。采用交换演员的方法显示图片，并将图片号记录到用户操作记录列表 pList 中。根据列表 pList 中的项数控制翻图操作，若列表项数为 2，则说明用户已经翻开两张图片，对其他图片的单击操作变为无效，此时可对列表中的两项内容进行比较，看是否匹配。

可以通过检测精灵对应的演员，控制已经翻开的图片不能再次被单击：若演员为图片背面演员，且列表项数小于 2，则可以翻开；若为图片演员，则忽略鼠标操作。

③ 配对图片消除。将通道的 Visible 属性设置为 False，使该通道中的精灵不可见（或设置精灵混合色的百分比 Blend=0，使精灵不可见），产生消除的效果。

注意：如果将通道的 Visible 属性设置为 False，在重新开始游戏时，必须初始化为 True。

（3）信息显示。

直接使用域文本显示本次游戏的得分。如果要对历次游戏的得分进行排行榜处理，需要使用文件读、写功能，在每次游戏结束时，将得分保存到指定文件中。

〖设计步骤〗

（1）新建一个影片，舞台大小为 320×240px，背景色为淡蓝色。

① 创建演员表 image，在其中导入 8 张不同的图片素材，创建 8 个图片演员，并重命名为 p1～p8。

② 切换到 Internal 演员表。打开 Paint 窗口，绘制图片背面的图形，并创建为 1bit 的位图，作为图片背面演员 back。

③ 创建"开始"、"排行榜"和"退出"按钮演员 2～4。

④ 创建域文本演员 mText，用于显示游戏信息。

⑤ 将影片分为 2 个场景，第 1～5 帧为游戏操作场景，第 10 帧为信息显示场景。

（2）游戏主界面设计。参考图 12.19 将图片背面演员 back 放置在场景 1（第 1～5 帧）的通道 1～16 中，在场景 2（第 10 帧）的通道 1 中放置域文本演员 mText，各按钮演员放置在通道 18～20 全部场景（第 1～10 帧）中。

（3）编写初始化脚本。编写影片脚本，包含以下几个函数：

```
--rndList 为随机列表，sList 记录单击的图片号，pList 记录单击的图片所在的精灵通道号
global rndList,sList,pList,cNum,rightNum
on gList                                    --初始化用户操作记录列表子过程
  sList=[]
  pList=[]
end
on rList                                    --初始化随机列表
  cNum=0                                     --记录单击的次数
  rightNum=0                                 --游戏结束判定条件
  gList()                                    --调用 gList 子过程
  rndList = []                               --产生随机列表
  repeat with x = 1 to 8
    addAt(rndList,random(x),x)
    addAt(rndList,random(2*x),x)
  end repeat
end
on mPic                                     --显示图片
  repeat with i= 1 to 8
    k=2*i-1
    sprite(k).member= member("p" & rndList[k])   --rndList[k]存放图片号 1～8
    k=2*i
    sprite(k).member= member("p" & rndList[k])
  end repeat
end
on mVisible                                 --恢复通道为可见
  repeat with i= 1 to 16
    sprite(i).visible= 1
  end repeat
end
on mWrite                                   --保存得分到文件中
--先检测影片文件夹内 demo.txt 文件是否存在，若存在，则打开，否则新建该文件
--_movie.path 属性返回影片文件夹的路径，也可用 the moviePath 得到
  flag=0                            --设置 demo.txt 文件是否存在的标志
  repeat with i = 1 to 100         --设置一个充分大的数，循环检测影片文件夹内的文件
    n = getNthFileNameInFolder(the moviePath, i)   --获取文件名
    if n = EMPTY then exit repeat   --结束检测，跳出循环
```

```
    if n contains "demo.txt" then                        --检测到 demo.txt 文件
        flag =1
        exit repeat
    end if
  end repeat
  filex = xtra("fileIO").new()                           --创建 Xtra 实例，名为 filex
  filePath = _movie.path &"demo.txt"                     --文件路径
  if flag =0 then                                        --demo.txt 文件不存在
    filex.createFile(filePath)                           --创建外部文本文件
  end if
  filex.openFile(filePath, 0)                            --打开文件
  filex.writeString(member("rtext").text)               --将域文本中的数据写入文件
  filex.closeFile()                                      --关闭文件
end
```

（4）播放头停留控制。分别在脚本通道第 1、3、10 帧的 exitFrame 事件过程内使用脚本 go to the frame 使播放头停留在该帧。

（5）图片翻回背面。在脚本通道第 2 帧的 exitFrame 事件过程内将图片翻回到背面：

```
on exitFrame me
  go the frame
  _movie.delay(90)                     --延迟 1.5 秒，单位为 tick，1tick=1/60 秒
  repeat with i= 1 to 16
    sprite(i).member= member("back" )
  end repeat
end
```

（6）为 back 演员添加演员脚本：

```
on mouseUp
  global rndList,sList,pList,cNum,rightNum
  go 3                                               --跳转到第 3 帧
  k = _mouse.clickOn                                 --获取当前精灵通道号
  if pList.count<2 then                              --允许翻开图片
    cNum = cNum + 1                                  --单击次数加 1
    sprite(k).member= member("p" & rndList[k])       --翻开图片
    sList.add(k)                                      --将精灵通道号记录到 sList 中
    pList.add(rndList[k])                            --将图片号记录到 pList 中
    if pList.count=2 then                            --比较两张图片
      if pList[1]<>pList[2] then                     --若两张图片不同
        go 2                                          --图片翻回背面（第 2 帧）
      else
        sprite(sList[1]).visible =false              --消除配对的图片
        sprite(sList[2]).visible =false
        rightNum=rightNum+1                          --正确数加 1
        if rightNum=8 then                           --正确数为 8，游戏结束
```

```
                member("rtext").text=string(48-cNum)   --计算游戏得分
                mWrite()                                --将游戏得分写入文件
                go 10                                   --跳转到场景2（第10帧）
                mVisible()                              --恢复通道为可见
              end if
            end if
            gList()                                     --清除用户操作记录列表
          end if
        end if
      end
```

（7）为各按钮添加行为脚本。

"开始"按钮：

```
      on mouseUp me
        global rndList,sList,pList
        gList()                        --初始化用户操作列表
        rList ()                       --初始化随机列表
        mPic()                         --显示图片
        go 2                           --图片翻回背面
      end
```

"排行榜"按钮，将历次游戏得分从文件中读出：

```
      on mouseUp me
        filex = xtra("fileIO").new()
        filePath = _movie.path &"demo.txt"
        filex.openFile(filePath, 1)         --打开文件，注意模式为1
        fileText = filex.readFile()         --读文件内容到变量 fileText 中
        filex.closeFile()
        member("rtext").text =fileText      --在域文本中显示
      end
```

"退出"按钮：

```
      on mouseUp me
        quit
      end
```

（8）在保存与发布前需要通过"Modify | Movie | Xtras（修改 | 影片 | Xtras）"菜单命令添加 fileIO.x32 扩展插件。源文件保存为 sy12_9.dir，发布为 sy12_9.exe。

〖思考〗

① 可以为游戏设置时间限制，必须要在规定的时间内完成。从用户第一次单击图片时开始计时，并在舞台右上角显示已用时间。

② 如果每次游戏过程中使用的图片允许改变，则需要设置候选图片库，从图片库中随机选出8张图片。

③ 在影片中使用声音效果。例如，若用户单击的图片配对正确，则发出悦耳的声音；如果配对错误，则发出难听的声音。等待用户选择时，可以发出钟表滴答声。

12.3.2 问答游戏设计

【例 12.10】 问答游戏设计。问答游戏随处可见，通常以选择题的形式提出问题，由用户从若干答案中选择一个。问题可以用文字形式给出，也可以用图形形式给出。本例采用图形形式。

〖设计分析〗

本例游戏的玩法：单击"开始"按钮，显示 5 个外形完全相同的树洞，只有一个树洞内藏有松鼠，并用闪烁的方式突出显示该树洞，2 秒后隐藏松鼠，然后快速交换 5 个树洞的位置，让用户找出藏有松鼠的树洞。根据猜测的次数给出本次回答的得分，并发出声音。游戏可以反复进行，游戏结束时显示正确率。

根据玩法，将影片分为 4 个场景，场景 1 使用第 1～8 帧，对游戏进行初始化，显示 5 个树洞，其中一个树洞内藏有松鼠；场景 2 使用第 10～18 帧，将松鼠藏起来，并快速交换 5 个树洞的位置，提出问题；场景 3 使用第 20～27 帧，作为操作场景，让用户找出藏有松鼠的树洞；第 30 帧为信息显示场景。

（1）游戏设计准备。

① 影片需要用 3 个全局变量来记录以下内容：用户在本次游戏过程中的单击次数 cNum（单击了几次才找到松鼠）、游戏次数 gNum 以及累计得分 aTotal。它们的初始值均为 0，在每次游戏完成后，cNum 需要恢复为 0。

② 问题转换。5 个树洞精灵快速交换位置后，用列表记录从左到右出现的树洞精灵通道号。因此，让用户找出藏有松鼠的树洞的问题就转化为在列表中找与松鼠相关的那个列表项。

③ 游戏计分。计分算法：一次猜中为 4 分，每多单击一次减 1 分。游戏得分计算公式为 5-cNum。正确率=累计得分/（游戏次数*4）。

（2）树洞与松鼠。

① 用树洞图片作为树洞演员，用树洞与松鼠合成的图片作为松鼠演员，如图 12.22 所示。

② 闪烁显示。选择通道 6～10 中的某个通道，如通道 7，在第 2、4、6、8 帧中放置松鼠演员。

③ 树洞位置快速变化。在场景 3 中为 5 个树洞精

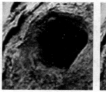

图 12.22 树洞与松鼠演员

灵添加随机移动行为，并修改该行为的参数，调整移动速度，使树洞精灵能在舞台上随机移动。为便于用户操作，可将舞台上的树洞精灵自左至右放在一行中（不改变各个精灵的左右顺序）。

（3）用户操作控制。

① 获取当前精灵通道号。用 _mouse.clickOn 或 the currentSpriteNum 返回当前被用户单击的精灵通道号 n。

② 声音播放：sound(1).play(member("声音演员名称"))。

〖设计步骤〗

（1）新建一个影片，舞台大小为 512×340px，背景为淡蓝色。导入素材：背景 bg.jpg、树洞 t1.jpg、松鼠 t2.jpg 和音频 right.wav、error.wav。创建"开始"、"统计"和"关闭"按钮演员。创建域文本演员 score，用于显示游戏信息。

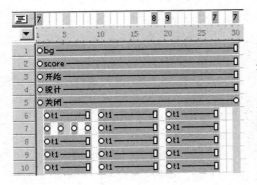

图 12.23　剧本分镜窗

（2）场景设计。剧本分镜窗如图 12.23 所示。

① 游戏主界面。在通道 1～5（第 1～30 帧）中放置背景演员 bg、域文本演员 score 和 3 个按钮演员。

② 场景 1。在通道 6、8～10（第 2～8 帧）中，分别放置 4 个树洞演员 t1，在通道 7 的第 2、4、6、8 帧中放置松鼠演员 t2。调整舞台上精灵的位置使它们自左至右依次排列。

③ 场景 2。在通道 6～10（第 10～18 帧）中，分别放置 5 个树洞演员 t1，位置与场景 1 中的相同。为每个精灵添加 Random Movement and Rotation 行为，使它们可以在舞台上快速移动，产生 5 个树洞精灵位置的随机列表。

④ 场景 3：根据场景 2 产生的随机列表，通过脚本在舞台上自左至右重新排列 5 个树洞精灵，等待用户找出藏有松鼠的树洞精灵。

（3）播放头停留控制。分别在脚本通道的第 1、27、30 帧的 exitFrame 事件过程内使用脚本 go to the frame 使播放头停留。

（4）编写随机列表生成脚本。双击脚本通道的第 18 帧（场景 2 的结束帧），创建脚本演员 8，产生 5 个树洞精灵位置的随机列表，脚本如下：

```
on exitFrame me
    --mList 记录 5 个树洞精灵的水平坐标，sList 记录舞台上从左到右的树洞精灵通道号
    global sList
    mList=[]                          --列表初始化
    sList=[]
    repeat with i=6 to 10
        mList.add(sprite(i).locH)     --将树洞精灵的水平坐标添加到列表中
    end repeat
    mList.sort()                      --对列表项按升序（从左到右）排序
    repeat with i=6 to 10             --检测舞台上从左到右的树洞精灵通道号
        m= sprite(i).locH
        k=mList.getPos(m)             --在 mList 中查找值为 m 的列表项
        sList.add(k+5)                --树洞精灵，从通道 k+5 开始
    end repeat
end
```

（5）自左至右随机排列 5 个树洞精灵。双击脚本通道第 20 帧（场景 3 的起始帧），创

建脚本演员 9，根据场景 2 产生的随机列表 sList，在舞台的同一行自左至右排列 5 个树洞精灵，脚本如下：

```
on exitFrame me
  global sList
  repeat with i=1 to 5
    sn=sList[i]
    sprite(sn).locV=250
    sprite(sn).locH=50+(i-1)*100
  end repeat
end
```

（6）为场景 3 的精灵添加行为脚本：

```
on mouseUp me
  global cNum,aTotal
  cNum=cNum+1
  k=the currentSpriteNum
  if k<>7 then
    sound(1).play(member("error"))
    alert ("你没有猜对")
  else
    sprite(k).member=member("t2")
    sound(1).play(member("right"))
    member("score").text=string(5-merr)
    aTotal=aTotal +5-cNum
  end if
end
```

（7）为按钮添加行为脚本。

"开始" 按钮：

```
on mouseUp
  global cNum,gNum
  cNum=0
  gNum=gNum+1
  go 2
end
```

"统计" 按钮：

```
on mouseUp
  global aTotal,gNum
  go 30
  if gNum>0 then
    k=100*aTotal/4.0/gNum          --乘 100 用百分比表示
    alert ("正确率:" & string(k) & "%")
```

```
    end if
  end
```

"退出"按钮：

```
on mouseUp me
  quit
end
```

（8）源文件保存为 sy12_10.dir，发布为 sy12_10.exe。

12.4 课程作品设计要求

1. 设计目的

（1）结合实例，掌握多媒体作品的制作流程。

（2）结合艺术设计相关知识，掌握多媒体作品的规划方法。

（3）灵活运用 Director、Photoshop、Audition、Premiere 等多媒体软件，提高自学能力、实践能力、创新能力。

2. 设计主题

学生可从以下主题中任选一个，收集整理相关素材，作为自己的设计主题：

（1）自然风光或旅游景点介绍。

（2）运动类题材作品。

（3）产品的介绍，例如服装类、食品类等。

（4）计算机软硬件介绍。

（5）人物介绍。

（6）个人空间。

（7）游戏。

（8）教学课件。

（9）自选主题。

3. 设计要求

（1）能够较熟练地操作多媒体软件，主题表现鲜明，阐述明了，布局合理，能够熟练地使用多种素材，包括文本、图形与图像、音频、视频、动画等，能够通过脚本或行为实现多页面之间的导航跳转，创作一个完整的多媒体作品。

（2）主要页面应不少于 10 个，首页应有个人信息（包括学号、姓名、专业）以及作品名称等。

（3）在作品设计中，要以自主创作为主，可以借鉴其他作品或寻找帮助。功能菜单中至少要有 5 种不同的内容。例如，电子相册、媒体播放器、动画（或视频）等。游戏作品除了操作功能，还应有操作说明等描述性功能。

（4）提交的开发文档：多媒体策划书（开发作品的目标与方向、风格的定位、进度安排），交互流程结构图（页面和按钮的跳转示意图），文件结构规划图（作品的主文件名、素材的分类存储、插件以及外部行为）。

（5）对大容量的音/视频文件必须进行处理，作品全部信息量不允许超过 200MB，每超过 20MB，成绩降一个等级（完全原创的作品例外）。

（6）作品评分：内容部分 40 分，技术 25 分，创意 25 分，开发文档 10 分。

4. 设计参考

（1）作品进入界面：可参考图 12.24 设计，至少要有学号、姓名、专业等信息，通过"进入"和"退出"按钮进入其他场景。

图 12.24　作品进入界面

（2）菜单主界面：可参考图 12.25 设计，菜单主界面应显示 5 种以上不同类型的场景名称按钮。

图 12.25　菜单主界面

（3）不同类型的场景：根据菜单主界面跳转到具体场景，每个场景都要求有返回菜单主界面的功能。

反侵权盗版声明

电子工业出版社依法对本作品享有专有出版权。任何未经权利人书面许可，复制、销售或通过信息网络传播本作品的行为，歪曲、篡改、剽窃本作品的行为，均违反《中华人民共和国著作权法》，其行为人应承担相应的民事责任和行政责任，构成犯罪的，将被依法追究刑事责任。

为了维护市场秩序，保护权利人的合法权益，我社将依法查处和打击侵权盗版的单位和个人。欢迎社会各界人士积极举报侵权盗版行为，本社将奖励举报有功人员，并保证举报人的信息不被泄露。

举报电话：（010）88254396；（010）88258888
传　　真：（010）88254397
E-mail：　dbqq@phei.com.cn
通信地址：北京市海淀区万寿路 173 信箱
　　　　　电子工业出版社总编办公室
邮　　编：100036